绿色植物生长调节剂实用技术

◎ 郑先福　主编

中国农业科学技术出版社

图书在版编目（CIP）数据

绿色植物生长调节剂实用技术 / 郑先福主编. --北京：中国农业科学技术出版社，2023. 2（2024.6 重印）

ISBN 978-7-5116-6201-9

Ⅰ. ①绿…　Ⅱ. ①郑…　Ⅲ. ①植物生长调节剂－研究　Ⅳ. ①S482.8

中国国家版本馆CIP数据核字（2023）第 010954 号

责任编辑　于建慧
责任校对　王　彦
责任印制　姜义伟　王思文

出 版 者　中国农业科学技术出版社
北京市中关村南大街 12 号　　邮编：100081
电　　话　（010）82109708（编辑室）　（010）82109702（发行部）
（010）82109709（读者服务部）
网　　址　https: // castp.caas.cn
经 销 者　各地新华书店
印 刷 者　北京中科印刷有限公司
开　　本　148 mm × 210 mm　1/32
印　　张　8.5
字　　数　196 千字
版　　次　2023 年 2 月第 1 版　　2024 年 6 月第 6 次印刷
定　　价　45.00 元

《绿色植物生长调节剂实用技术》

编委会

主　　编：郑先福

副 主 编：万　翠　许伟长

贺保国　李智辉

编写人员：姚锋娜　崔步云

刘继鹏　刘学玲

曹晨阳　黄　玲

臧娅磊　牛　杰

前　言

植物生长化学调控，作为一种新兴的农业生产实用技术，越来越受到广大农技人员的重视，应用作物的种类和面积都在不断扩大。近年来，随着人们对农产品质量安全的重视和环保意识的不断提高，农业安全和绿色发展更加受到重视，生产中对无公害、生物源植物生长调节剂的需求越来越大。植物生长调节剂的应用以安全、环保、低残留为首要标准。一方面，需要不断发现和筛选新化合物，扩大调节剂的资源，根据需要更新换代，用高效的、环保的成分替代化学药剂中用量大、残留高、毒性强的成分，开发环境友好型、无残留的高效药剂；另一方面，随着生物技术的快速发展，人类对植物生长物质的研究逐渐深入，不仅发现数量更多的、功能性更优的天然生长调节物质，而且对其错综复杂的生理机制也进行了更加深入的探索和揭示，极大地促进了生物调节剂的开发与应用，减少了化学药剂的使用残留和食品安全问题的发生。由此，环境友好型、无残留的生物调节剂成为市场新宠，绿色植物生长调节剂的开发和应用也受到越来越多的关注。

本书对环境友好型、无残留绿色植物生长调节剂调环酸钙、芸苔素内酯、苄氨基嘌呤、吲哚丁酸（钾）、羟烯腺嘌呤等代表品种从产品简介、质量控制、功能作用、应用技术、专利和登记信息等方面进行阐述，同时，结合目前的不同剂型产品开发和不同作物的应用技术进行实例分享，理论联系实际，以便读者参阅。

由于编者水平有限，书中难免有疏漏之处，欢迎读者提出宝贵意见。

编　者

2022年10月

目录

第一章

调环酸钙

第一节　调环酸钙产品简介

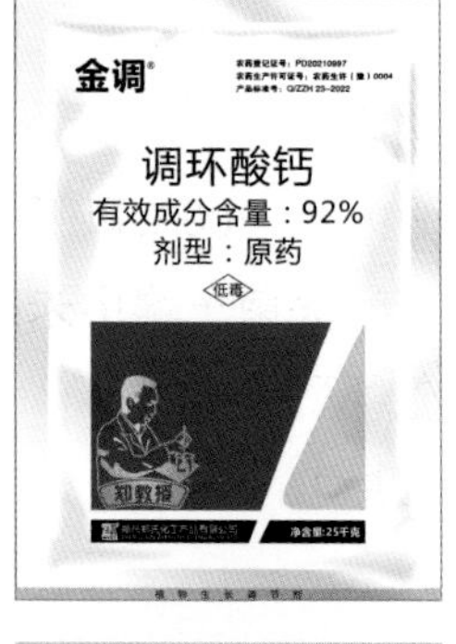

【中文通用名称】调环酸钙

【英文通用名称】Prohexadione calcium

【商品名称】普矮特、立丰灵、Apogee

【化学名称】3, 5-二氧代-4-丙酰基环己烷羧酸钙

【CAS号】127277-53-6

【化学结构式】

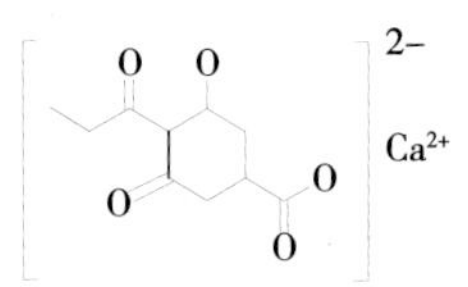

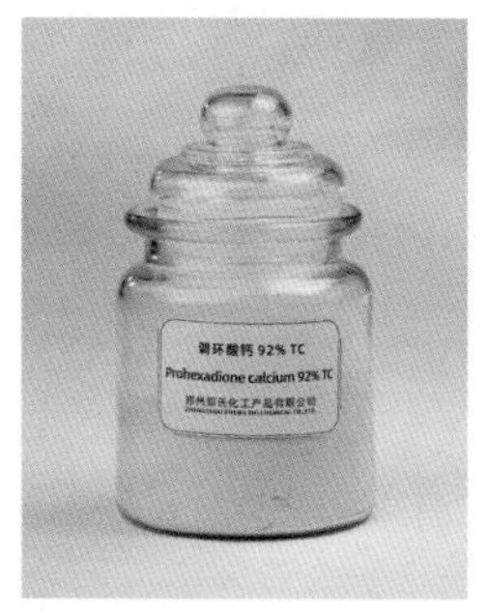

【分子式】$C_{10}H_{10}CaO_5$

【相对分子量】250.3

【理化性质】纯品为无色或白色无固定体，工业品为米色或土黄色无定形固体，熔点为360℃，密度为1.46 g/cm^3，蒸气压（20℃）1.33×10^{-3}Pa，溶解度（20℃）：水中174 mg/L，甲醇中1.11 mg/L，丙酮中0.038 mg/L，甲苯中0.004 mg/L，己烷中$<$0.003 mg/L，二氯甲烷中0.004 mg/L，异丙醇中0.105 mg/L。对光、热以及在水溶液中稳定，碱性条件下稳定。

【毒性】原药大鼠急性经口半数致死中浓度LD_{50}> 10 000 mg/L，属微毒性；原药大鼠急性经皮LD_{50}>2 000 mg/L，属低毒性；原药大鼠急性吸入LD_{50}>2 000 mg/L，属低毒性。原药致突变

性（体内和体外）试验结果为对哺乳动物无致畸、致突变性。

【环境生物安全性评价】蜜蜂急性经口毒性LC_{50}（48 h）>2 000 mg/L，属低毒级；鸟类急性经口毒性LD_{50}（7 d）为1 893 mg/L体重，属低毒级；鱼类急性毒性LC_{50}（96 h）>100 mg/L，属低毒级；家蚕急性毒性LC_{50}（96 h）>2 000 mg/L桑叶，属低毒级。

【降解性】调环酸钙在洪水泛滥土壤和山地土壤条件下会迅速降解为CO_2。其DT_{50}（20℃）：5 d（pH值为5）、83 d（pH值为9）。200℃以下稳定，水溶液光照DT_{50} 4 d。pka 5.15。在高压蒸汽灭菌土壤中未观察到该化合物降解，表明调环酸钙为土壤微生物所降解。调环酸钙在土壤中的降解产物为3-羟基-5氧代-环己烯羧酸和三元酸，而后分解为CO_2。

【产品及规格】92%原药1kg/袋，25袋/桶。

第二节　92%调环酸钙原药质量控制

92%调环酸钙原药执行企业标准Q/ZZH 23—2022，各项目控制指标应符合表1-1要求。

表1-1　92%调环酸钙原药质量标准

检测项目	指标	检测方法及标准
外观	土黄色粉状物	目测
调环酸钙质量分数（%）≥	92.0	液相色谱法
钙质量分数（%）≥	14.7	离子色谱法
pH值范围	6.0 ~ 10.0	《农药pH值的测定方法》（GB/T 1601—1993）
水分（%）≤	3.0	《农药水分测定方法》（GB/T 1600—2001）
固体不溶物（%）≤	0.5	—

其中，主要检测项目的具体检测方法如下。

一、调环酸钙质量分数的测定

试样用流动相+0.1 mL磷酸溶解，以乙腈+0.1%磷酸水为流动相，使用C18为填充物的不锈钢柱和紫外检测器，在275nm波长下对试样中的调环酸钙进行高效液相色谱分离和测定（可根据不同仪器特点对给定操作参数作适当调整，以期获得最佳效果）。

典型的调环酸钙标样、调环酸钙试样高效液相色谱图见图1-1、图1-2。

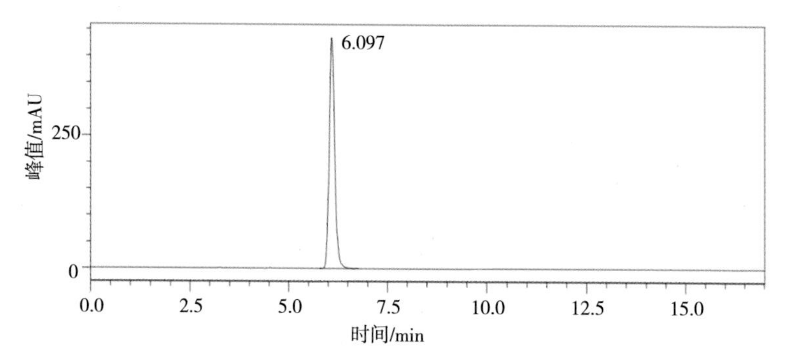

图1-1　调环酸钙标样高效液相色谱图

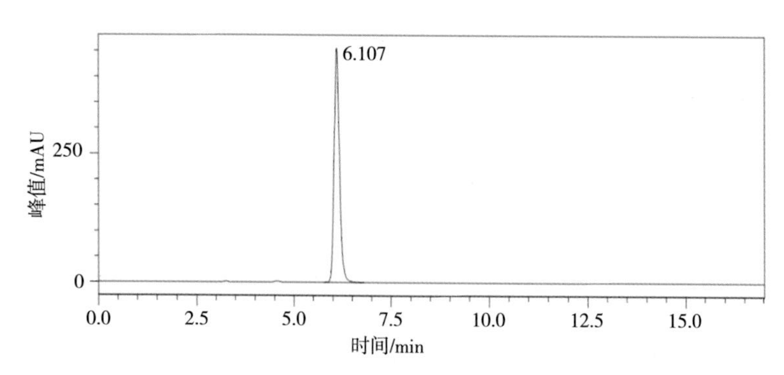

图1-2　调环酸钙试样高效液相色谱图

二、钙质量分数的测定

试样用流动相溶解，以20 mmol/L甲基磺酸水溶液为流动相，使用CS12A色谱柱、CG12A色谱柱和电导检测器，对试样中的钙离子进行离子色谱分离，外标法定量（可根据不同的仪器特点作适当调整，以期获得最佳分析效果）。

典型的钙离子标样、钙离子试样离子色谱图见图1-3、图1-4。

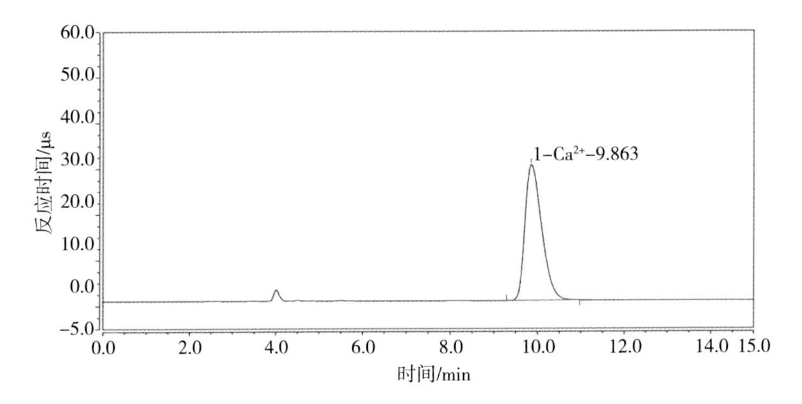

图1-3　钙离子标样离子色谱图

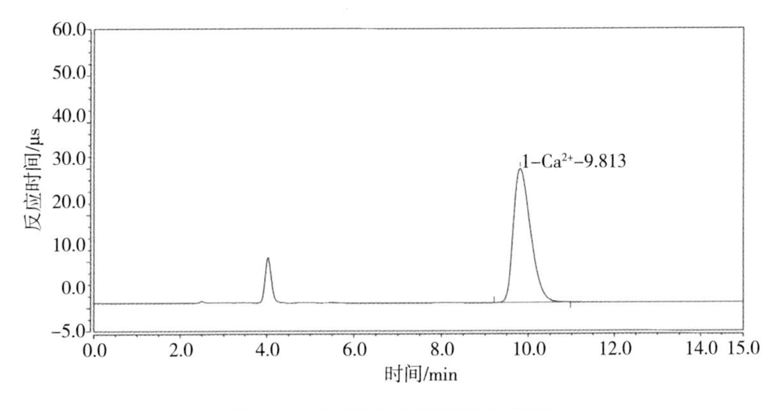

图1-4　钙离子试样离子色谱图

三、水分的测定

按《农药水分测定方法》（GB/T 1600—2001）中的“卡尔·费休法”进行。

四、pH值的测定

按《农药pH值的测定方法》（GB/T 1601—1993）进行。

五、固体不溶物的测定

用盐酸+水+丙酮溶解试样将不溶物过滤，干燥后称量。

第三节　调环酸钙的功能作用

一、作用机理

植物内源赤霉素的生物合成过程中，活性赤霉素的形成需要经过环化、氧化、转化等一系列的合成反应。涉及酶的性质和在细胞中的相应定位依次分为3个阶段：作用于原质体的萜环化酶、与内质网相关的单加氧酶和位于内质网中的双加氧酶。这些酶分别催化D-甘油醛3-磷酸加丙酮酸形成贝壳杉烯，将贝壳杉烯氧化成GA_{12}-醛，随后羟基化成不同的GA。其中，催化这些羟化反应的双加氧酶称为羟化酶，需要2-酮戊二酸作为辅酶。调环酸钙模拟了2-酮戊二酸的结构，竞争性抑制了羟化酶的活性，从而抑制了活性赤霉素的合成。在植物体内赤霉酸生物合成过程中

的羟化反应中，形成GA_1反应途径中的13-羟化反应以及3-β羟化反应对调环酸钙最为敏感，而形成GA_4、GA_7的反应途径没有13-羟化反应参与，所以调环酸钙选择性地抑制赤霉素GA_1的合成，而对GA_4、GA_7的生物合成没有抑制作用（图1-5）。

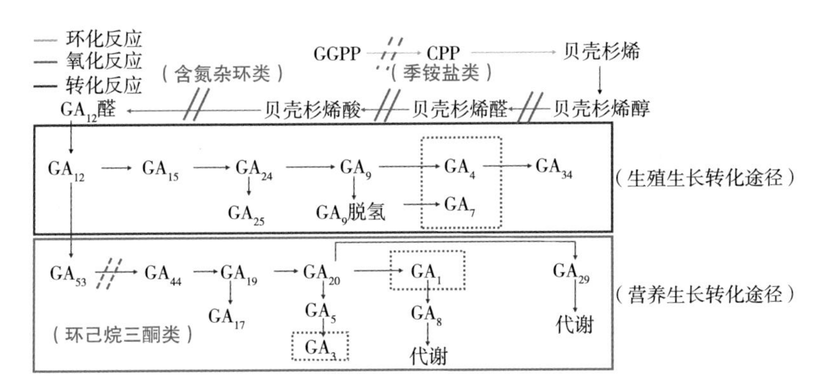

图1-5　赤霉素生物合成途径

注：方框内为有活性的赤霉素。

在这些具有活性的赤霉素中，GA_1主要存在于营养器官，控制茎叶的伸长生长，而GA_4主要存在于生殖器官中，控制花芽分化和穗粒发育，由于调环酸钙抑制GA_1的合成活性较强，是理想的矮化剂。

二、功能特点

1. 毒性低、无残留，对下茬作物生长无不良影响、对环境无影响

调环酸钙属环己烷羧酸类植物生长延缓剂，是赤霉素生物合成过程的后期抑制剂。与季铵盐类、三唑类延缓剂相比，其主要

抑制控制茎叶的伸长生长的GA_1，能缩短许多植物的茎秆伸长，而对控制花芽分化和穗粒发育的GA_4不具有影响，因此安全性更高。同时，调环酸钙对轮作植物无残留毒性，对环境无污染，不会对下茬作物产生影响。

2. 抑制GA_1的生物合成，控制营养生长，促进生殖生长

植物的高度、节间的生长主要是由内源赤霉素调节。赤霉素的营养生长合成途径为甲羟戊酸—GA_{12}—GA_{53}—GA_{44}—GA_{19}—GA_{20}—GA_1，其中，甲羟戊酸—GA_{12}的转化过程由季铵盐类、三氮杂环类等延缓剂所抑制，调环酸钙主要阻止GA_{20}向GA_1的转化。施用调环酸钙后，迅速阻断赤霉素的合成，降低了GA_1的水平，对作物的徒长起到快速、高效的抑制作用，从而达到卓越的控旺、抗倒伏功效。调环酸钙在抑制节间纵向伸长的同时，促进节间组织的横向生长，使作物秆壁加厚、茎秆增粗，显著提高其抗折力。

3. 保护既存赤霉素GA_4活性，后期有效防止作物早衰

在赤霉素合成途径中GA_{12}转化成GA_4，GA_{20}转化成GA_1，多效唑、烯效唑等延缓剂抑制了GA_{12}的合成，进而会对GA_4的合成造成阻断，使植株体内多种GA水平全面下降，在降低株高防止倒伏的同时也可能会表现出对生殖生长的副作用；而调环酸钙主要阻止GA_{20}向GA_1的转化，不会对GA_4的合成产生不良影响，并且调环酸钙能维持和延长体内既存GA_4的活性水平，有效防治作物早衰。

4. 具有一定的抗逆能力，控旺、增产、防病于一体

调环酸钙抑制GA_1生物合成的同时，不仅使GA活化过程受阻，也可使内源诱抗素、水杨酸、玉米素和异戊烯腺苷型的细胞分裂素水平增加。其中，诱抗素可诱导植物产生对不良环境（如

寒冷、高温、盐碱等）的适应性和抗性；水杨酸能够诱导多种植物对病毒、真菌、细菌病害产生抗性，提高对病害的预防能力；内源细胞分裂素水平的增加能够起到促进细胞分裂、促进生殖生长的效果。从而使得调环酸钙的应用能够集控旺、增产、防病、抗逆于一体。

三、应用方向

调环酸钙作为第三代植物生长延缓剂，与矮壮素、甲哌鎓、多效唑等传统植物生长延缓剂相比（表1-2），具有控旺增产的双向调控特性优势，能够发挥出控旺、促根、促光合、着色、抗逆、抗病等综合应用方向的价值优势，将引领未来5年甚至10年的植物生长调控市场（图1-6）。

表1-2　调环酸钙与其他控旺产品的应用特性对比

对比项	调环酸钙	传统植物生长延缓剂
共同点	通过抑制赤霉酸的合成起作用	
不同点	作用位点靠后，只抑制GA_1、GA_3的合成，不抑制GA_4、GA_7的合成；主要抑制茎叶的伸长，对籽粒、果实、花絮无影响	作用位点靠前，抑制所有赤霉酸（茎叶、籽粒、果实生长）的生物合成
毒性	低毒（毒性更小）	低毒
半衰期	短	长
对下茬作物影响	无影响	有影响

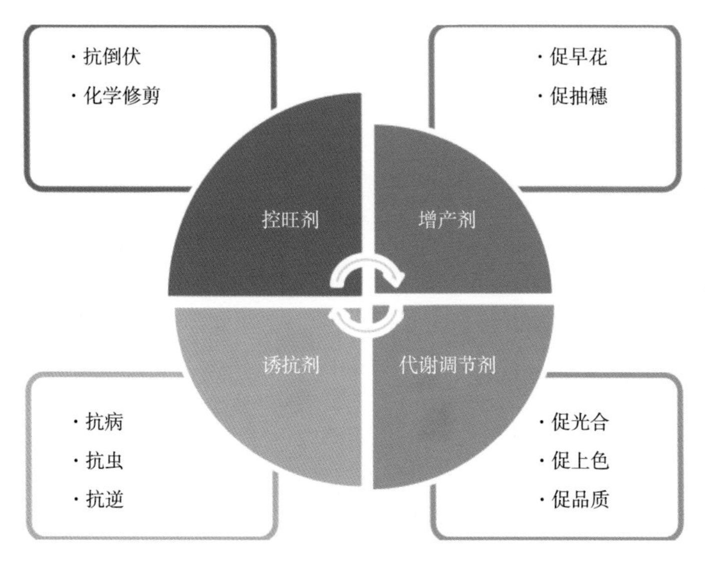

图1-6 调环酸钙的主要应用方向

第四节 调环酸钙的应用技术

调环酸钙由日本组合化学工业有限公司在1983年申请专利（专利号JP 83 71264）并和德国巴斯夫公司共同开发商品化。代号为BX-112、KIM112、BAS125W和BAS9054W，商品名称为Apogee。调环酸钙的发现开创了赤霉素生物合成后期抑制的新领域，其系统研究已有30余年的历史，其意义作用仍在不断扩大。在20世纪90年代，其应用研究对象集中在果树（苹果）、谷物和花卉的调节营养生长及生殖生长上。21世纪，其应用研究对象扩大到蔬菜及经济作物上，功效也扩展到对幼苗生长、花果发育、产量影响、抗逆性及对其他农药的增效作用，并且施药方式的不

同对其功能发挥方面也有研究报道。

据报道，调环酸钙能够抑制植物旺长，降低水稻、小麦、番茄、草坪、覆盆子的株高，缩短苹果树、梨树、葡萄树、樱桃树等果树的枝梢长度，并能减弱甘薯的藤蔓生长。其作用效应与使用浓度、使用方法和使用次数有关。Nakayrima等（1993）发现，调环酸能显著缩短所有水稻栽培品种的茎秆高度。Eisuke等（1993）研究表明，调环酸钙在小麦生长期29 d和45 d，可以分别降低冬小麦的株高，早期施用主要降低下部节间长，而不影响上部节间长，较晚使用则导致缩短上部节间长。Sureyya Altintas（2011）在番茄幼苗移栽后喷施和灌根处理1～2次，不同的处理方法，作用效应不同，以200 mg/L喷雾处理1次、125 mg/L喷雾或灌根处理两次效应最为明显。在处理方法上，灌根和喷雾处理两次效应差异不大，但灌根处理1次效应不显著。Pauliina和Katriina（2009）在覆盆子上控制营养生长的研究中表明，100～200 mg/L处理两次可显著控制其株高，分别可减低株高33 cm和46 cm，但高浓度处理，减少了茎直径。Eisuke Ishihara（2009）研究证实，将调环酸钙喷施于观赏菊花、香石竹等观赏植物，诱导矮化作用，对叶和花芽无影响，并能减少乙烯的含量，保持叶片浓绿，减缓衰老。应用于日本地毯草、狗牙根、黑麦草上，在剪草后3～5 d用调环酸钙喷施草皮，降低株高大于50%，在草地早熟禾上应用降低株高31%～50%，可显著降低草坪草的新生高度，以减少割草时间，而不损伤杂草。Victor N（2013）证实，调环酸钙可降低甘薯藤蔓生长，调控源—库关系，促进营养向块根转移，增加块根产量，并且这种效应与品种无关系。

调环酸钙对作物花果发育的影响取决于使用浓度、使用时期、使用方法、环境因素、作物种类和作物品种等因素。有报道表明，调环酸钙对作物产量、果实品质、果实坐果率、花芽形成无负面影响，研究表明，番茄移栽后用调环酸钙处理两次，可以延长番茄第1层数的花期，增加花数，提高坐果率，但对第2层、第3层及第4层的花果影响不大。也有许多研究证明其可延迟开花和坐果，并且与使用浓度和使用时期有关。Ratiba和Blanco（2004）指出在苹果上使用100～200 mg/L处理下，对其花芽分化无任何影响，而Duane（2007）在苹果落花初期使用调环酸钙125～250 mg/L处理，可增加坐果率，果实直径减小，增加了疏果难度。据Ilias等（2005）试验验证，其在11月到翌年2月期间施用调环酸钙，100 mg/L可延迟开花，更高浓度可抑制开花，而在2—4月的试验中，则无任何影响，这一变化归结于季节性的环境变化。Giudice等（2005）指出用250 mg/L调环酸钙在卡白内红葡萄上，可延迟花期1～2周，坐果率降低，但果重未受到影响，并且能提高葡萄汁的色素和酚类含量，改善葡萄品质。而Mandemaker等（2005）在鳄梨上处理3次可以提高结实率，Smit等（2005）同样在梨树上的研究表明，调环酸钙处理可提高坐果率，但在一些品种中可影响果形，他指出果实直径减少正因为是高坐果率的影响。而Asin等（2007）研究也表明，调环酸钙处理梨树，对梨树的花芽发育及产量有促进作用，无任何负面作用。而其在秋葵和覆盆子的研究表明，调环酸钙处理后，可延迟开花，减少花数，减低坐果率，不推荐使用。据Don等（2003）研究表明，单独使用调环酸钙125～250 mg/L能在短期内有效抑制甜樱桃新梢的伸长，对花芽的形成无不良影响。在产量方面，据Kang等（2010）研究证实，调环酸钙在大白菜上的所有处理显著增加各项指标，鲜重最高的处理是400 mg/L，并且较早的使用促进更高的产量收益。Duv等（2002）指出调环酸钙可促进草

莓的产量提高。也有报道，调环酸钙可以通过抑制营养生长，促进大黄的繁殖，提高光合效率，促进根茎的生长，增加根茎鲜重（Usha，2009）。

调环酸钙还具有抗逆及增效作用。研究证实，调环酸钙可有效缓解番茄采后冻害，50 mg/L、100 mg/L处理后，可维持果实中较高水平的脯氨酸，抑制磷脂酶、脂加氧酶的活性，保持了较低水平的电解质渗出率及丙二醛含量，增加了膜的完整性，有效缓解冻害。用15 mg/m^{2}调环酸钙处理蓝草，干旱条件下，可明显提高超氧化物歧化酶（SOD）、抗坏血酸过氧化酶（APX）、过氧化氢酶（CAT）的活性，增加了干旱胁迫耐受性，并能保持较低水平的电解质渗出率及丙二醛含量，增加了膜的完整性，保持高的相对含水量，增加了对干旱的抗逆能力。调环酸钙还可以降低真菌和细菌对果树的侵染，提高果树的抗病能力（Momol et al.，1999），研究证实，调环酸钙对苹果和梨的害虫有防治作用，使用后害虫减少，与吡虫啉、虫酰肼混用能增加其防治效果，具有协同加合作用，可降低杀虫剂用量25%。Srdan（2015）研究表明通过树干注射和喷施两种手段去控制苹果火疫病，结果表明，调环酸钙喷雾处理可减少枝枯病25.6%，并且减少枝梢长度，而注射处理则未有显著影响，可能是因为未运输至树冠，被约束至木质部中。因调环酸钙在土壤中的不稳定性，其从未使用于实际的根系防病虫害中，而Poasold和Ludwig-uller（2013）对拟南芥的试验表明，调环酸钙可降低黄酮类物质的含量，进而降低根瘤病的发生。调环酸钙与杀虫剂在花生上的交互影响试验表明，调环酸钙与丙硫菌唑、戊唑醇混用，能增加杀虫剂防治效果。此外，研究证实，调环酸钙单独或者与乙烯利、环丙酰草胺混合使用，可促进棉花的产量并且不影响品质。在同等剂量下，调环酸钙与乙烯利、环丙酰草胺混合使用，相比与敌草隆、噻苯隆混合使用，有更高的吐絮率和脱叶效果。

苹果皮的颜色主要是基于花青素的存在，而其他黄酮类物质——黄酮醇和原花青素均有影响（Lister et al.，1994）。调环酸钙可抑制2-加双氧酶的活性，导致类黄酮物质的显著变化（Roemmel et al.，2003；Halbwirth et al.，2006），调环酸钙处理显著减少黄烷醇的合成和黄酮醇的含量，而绿原酸含量显著增加。在高剂量应用时，花青素和果实中的红色素也可以被抑制（Rademacher，1992）。调环酸钙在春天使用1次或2次对果皮颜色可引起不同的结果（Mata et al.，2006）。在对苹果“富士”的研究中，用调环酸钙处理可明显观察到促进苹果红色素的增加，这可能是由控制枝梢生长引起的，或激活了苹果叶片中的酚类代谢（Fischer et al.，2006）。在对苹果“布瑞本”的试验研究中，却得到了截然不同的结论，调环酸钙在“布瑞本”上应用，显著降低了黄酮醇类物质、花青素和红色素的含量，总酚含量及绿原酸含量增加，不能促进果皮的红色着色（Bizjak et al.，2012）。

调环酸钙的发现与国外的应用在国内也得到了许多研究机构的重视，并于2001年开始应用研究，研究对象主要针对控制营养生长及产量影响。近年来，国内也越来越关注其在抗逆性和膨果着色方向的研究。

调环酸钙在国内研究最为广泛的是在水稻上控旺、抗倒伏方面研究，其应用效果与应用时期、使用浓度、作物品种有关。据林志强等（2003）研究表明，在水稻的不同时期施用调环酸钙，其效应有所差别。在拔节后5 d喷施调环酸钙，显著增加每穗粒数，而不矮化植株；在拔节前15 d喷施既显著增加每穗粒数，也

降低株高，但降幅不大。姜照伟等（2011）研究表明，拔节前7 d至拔节始期喷施调环酸钙，各节间短、粗、厚，植株矮壮，弯曲力矩中等，抗倒力最强。拔节后7 d喷施调环酸钙，各节间的外径增粗和秆壁加厚不显著，抗折力降低；拔节后21 d喷施调环酸钙，抗倒伏能力最弱。这可能是不同用药时期对水稻的抑制作用部位不同。荣勇（2015）研究表明，在水稻拔节前10 d，喷施调环酸钙，株高降低明显，抗倒伏，秸青籽黄熟相好，成穗率、结实率、千粒重较高，比对照增产11.58%。汪洪洋等（2010）研究表明，调环酸钙在9～31.5 g/hm^{2}的剂量范围中使用剂量越大对各节间缩短效果越明显，但对水稻产量的影响并不是随用药剂量增加而增加的，超过一定剂量增产效果减弱甚至会减产。汪洪洋研究表明，5%调环酸钙泡腾片在315 g/hm^{2}时产量最高，而超过630 g/hm^{2}时产量低于对照的，这一结论跟魏民等（2011）在北方水稻（绥粳4）、易靖等在超级稻品种T优300和超级稻品种Q优6号的应用研究结论一致。不同水稻品种对调环酸钙的敏感性存在差异，抗倒性差的品种较抗倒性强的品种敏感。汪洪洋等（2010）的研究表明，当调环酸钙用量是31.5 g/hm^{2}时抗倒性差的品种越光表现出比对照增产4.27%的效果，而抗倒性强的品种连粳7号则表现出抽穗不良，减产1.8%。

此外，还有关于在小麦、高粱、花生、葡萄和草坪的报道。郭世保等（2016）研究表明，在小麦拔节前7～10 d施用调环酸钙2～8 g/亩，可矮化植株高度，降低节间长度，增加茎粗，提高光合速率、千粒重和产量。调环酸钙在花生上也有比较积极的表现。王才斌等（2008）研究表明，在花生结荚期叶面喷施调环酸钙30 g/hm^2，可提高叶片光合强度、根系活力、单果重量及产量，并能显著提高花生超氧化物歧化酶（SOD）、过氧化物（POD）、过氧化氢酶（CTA）保护酶的活性，提高抗逆能力。在高粱上，可能受使用时期或使用方法等因素影响，郭兴强等（2009）研究表明，调环酸钙-青鲜素推迟了甜高粱的倒伏时期，改变了倒伏类型，减少了产量损失，但是并没有达到理想的防倒伏效果。另外，有报道证实，调环酸钙处理夏黑葡萄，与控制苹果枝梢旺长有一样的效应，能抑制主梢和副梢的生长，副梢质量减少11.95%，总长、节数、节间长度、节间粗度均增加（付艳东等，2013）。在草坪上应用调环酸钙，使用后可以减少草坪修剪频率，改善草坪色泽，便于草坪管理。例如杨代斌等（2005）在高茅草上的研究表明，调环酸钙可以有效控制高羊茅的株高，若欲将植株新增高度的抑制率控制在70%～90%，调环酸钙的适宜剂量为0.18～0.3kg/hm^2。

结合国内外文献研究情况，依据不同的功能方向，汇总调环酸钙在不同作物上的应用技术研究情况如下所述。

一、控制旺长，增加产量

1. 水稻

徽两优6号、武运粳8号和C两优343这3个水稻品种于分蘖期喷施75～125 mg/L药液或每亩用有效成分2.4～3.6 g撒施处理，均可缩短基部节间距，有效控制旺长，减少倒伏，促进增产。调环酸钙对水稻产量的影响预防倒伏外，还通过千粒重、结实率、穗长等多方面起作用，但对不同品种水稻的亩穗数、总粒数、千粒重、结实率的影响并没有呈现出一定的规律。由于水稻品种众多，加上各地区气象条件差异较大，具体使用还需各地区先小范围验证再进行推广。

2. 小麦

多地试验证实，在拔节前7 d左右，每亩用有效成分5～8 g，

可矮化植株高度，降低节间长度，增加茎粗，提高光合速率、千粒重和增加产量。其中，豫麦035和周麦22最佳剂量为8 g/亩，分别增产12.7%和10.26%；皖麦68最佳剂量为7 g/亩；郑麦9023最佳剂量为5 g/亩。

3. 花生

茎叶遮蔽行间50%时，每亩用有效成分4.5～9 g稀释后全株喷雾处理，根据需要可在100%遮蔽时减半量或者正常量再使用1次，能有效降低株高，缩短节间长度，增加下针数，提高叶片光合强度、根系活力、单果重量及产量。

4. 番茄

每亩用有效成分1.5～3 g稀释后叶面喷施，可抑制叶和茎的营养生长，透光通风，提高产量改善品质。

5. 黄瓜

外源施用150 mg/L调环酸钙，可有效调控黄瓜幼苗株型，提高幼苗质量，利于壮苗培育。

6. 甘薯

初花期喷施200～300 mg/L浓度的调环酸钙溶液，可显著抑制薯蔓的旺长，促进营养成分向地下部分转移，促进薯块膨大，增加产量。试验测定整体叶绿素含量呈现先升高后降低的趋势，这是由于生长已经主要由地上的营养生长转移至地下部分。调环酸钙处理能有效维持甘薯植株的叶绿素水平，促进干物质的积累和植株同化物分配中地下部分所占的比例，有利于根块的干物质积累和膨大，增产可达30%。

7. 豇豆

在幼苗期使用5%调环酸钙在405 g/hm^{2}浓度时，不会对豇豆的物候期及商品性造成影响，并且具有明显的控旺效果及增产效果。

8. 棉花

整个生育期喷施30～97.5 g/hm^{2}调环酸钙能显著控制棉花株高，塑造高产株型，有效协调营养生长与生殖生长的关系，显著提高棉花产量，改善纤维品质。

9. 轮台白杏

落花后10 d叶面喷施125 mg/L调环酸钙能够有效抑制枝叶的旺长，提高叶片光合效率，增加果实单果重、硬度。

10. 花菜

喷施100 mg/L调环酸钙可有效提高幼苗素质，利于壮苗培育和提高后期产量，可用于夏季花菜漂浮育苗。

二、控制枝梢旺长，调节花果发育

1. 苹果

落花后3 d或落花后14 d喷施1～2次浓度为125 mg/L和250 mg/L的调环酸钙可以有效抑制富士苹果枝条的生长。秋季苹果秋梢刚萌发时，全株喷施200～400 mg/L调环酸钙，可有效减缓秋梢生长，增加新梢分枝数和粗度，促进新梢干物质积累，提高根系活力、根长、根系表面积、根系体积、分叉数、分形维数、净光合速率、蒸腾速率、叶绿素含量、单果质量和果形指数，改善果实的光照条件，促进营养向果实积累，改善果实的品质，提高产量。同时对火疫病等由细菌和真菌引起的病害有很好的预防作用。

2. 梨

新梢长至2.5～7 cm时，以150～200 mg/L全株喷施或者喷施树冠，在10～17 d后使用第2次，根据需要在14～21 d后使用第3次，可显著抑制新梢旺长，促进坐果，增强果实的光照指数，改

善果实的品质，提高产量。

3. 桃

秋季在桃采摘后秋梢刚萌发时，全株喷施75～300 mg/L调环酸钙，可有效减缓秋梢生长，减少长枝数量，促进营养向叶片、冬芽、枝干积累。

4. 葡萄

开花前用250～500 mg/L浓度的调环酸钙溶液喷施新梢部分，可抑制新梢的旺长，缩短节间距离，增加叶片数量和枝条粗度。若高于600 mg/L有的品种会有药害现象发生。

5. 大樱桃

新梢长至2.5～7 cm时，高树势用300～600 mg/L、中树势用125～250 mg/L全株喷施或者喷施树冠，如树势较弱禁止使用。根据实际需要，可在14 d后重复喷施1次，最多使用2次，可显著抑制新梢旺长，促进坐果，增强果实的光照，改善果实的品质，提高产量。

6. 草莓

在定苗前后，喷施2次25～50 mg/L浓度的调环酸钙溶液，可控制秧苗旺长，促进分枝、生根，起到壮苗、增加花数、提高坐果率的效果。

7. 杧果

第2蓬梢转绿后，以300 mg/L浓度的调环酸钙溶液全株喷施处理，每7 d喷施1次，共4次，可控制杧果冲梢，降低梢长，促进杧果提早开花。

8. 脐橙

自夏梢零星萌发开始间隔14 d叶面喷施2次150 mg/L调环酸钙有提高果实出汁率和可溶性固形物含量的效果，可显著抑制夏梢生长和提升果实品质。而在第1批秋梢老熟、晚秋梢尚未萌发时，叶面喷施150 mg/L调环酸钙可显著抑制晚秋梢抽发和伸长生长，促进晚秋梢叶片SPAD值增高。

三、抗逆、增效作用

1. 水稻

盐胁迫条件下，100 mg/L调环酸钙处理后，可显著提高植物抗氧化酶活性、叶绿素含量及渗透调节物质含量，通过降低幼苗游离氧的产生速率及电解质渗透来保护细胞结构的完整，可显著促进幼苗生长及光合速率的上升，从而增强水稻幼苗耐盐能力。

2. 大豆

外源喷施100 mg/L调环酸钙可通过增强根系抗氧酶活性、渗透调节能力以及降低膜脂过氧化来增强大豆根系的耐盐碱能力。

3. 烟草

烟草播种出苗后待烟苗长至四叶一心时，用5 mg/L药液叶面喷施1次，能减缓低温下膜脂质的过氧化产物丙二醛含量的增加，提高脯氨酸含量，减缓叶绿素的分解，减小低温对植物叶片光合作用的影响；同时提高了根系活力，减弱低温对烟草幼苗生物量积累的抑制作用，提高烟草幼苗的抗冷性，进而促进烟草幼苗的生长。

4. 番茄

采果后，以50～100 mg/L药液浸泡处理5 min后冷贮，可维持果实中较高水平的脯氨酸，抑制了磷脂酶、脂加氧酶的活性，保持了较低水平的电解质渗出率及丙二醛含量，保证了膜的完整性，有效缓解番茄采后冻害。

5. 草坪

顶叶开始生长时，用有效成分25～55 mg/m^{2}稀释后喷施处理1次，或者用有效成分12.5～27.5 mg/m^{2}稀释后喷施2次，可降低新生高度50%～90%，显著减少割草次数。

6. 菊花、紫罗兰等花卉

至8～10片叶时，用10～50 mg/L药液叶面喷施处理1～2次，矮化作用较好，保持叶片浓绿，减缓衰老，对叶和花无不良影响。

第五节　调环酸钙的登记应用与专利

一、国内登记情况

调环酸钙原药目前在国内已有3家企业登记（图1-7），其中最高含量为郑州郑氏化工产品有限公司的92%调环酸钙原药（表1-3）。

表1-3　调环酸钙原药登记信息汇总

名称	剂型	登记证号	含量（%）	登记有效期	登记证持有人
调环酸钙	原药	PD20170013	85	2027-1-3	湖北移栽灵农业科技股份有限公司
		PD20173212	88	2027-12-19	鹤壁全丰生物科技有限公司
		PD20210997	92	2026-7-1	郑州郑氏化工产品有限公司

制剂方面，调环酸钙已登记水分散粒剂、悬浮剂、可湿性粉剂、泡腾片剂等多种单剂制剂剂型，亦有与烯效唑、诱抗素的混配制剂。登记作物有小麦、水稻、花生、马铃薯、甘薯、棉花、

苹果和葡萄等，作用范围也由控制旺长向促进增产、提质着色方向延伸（表1-4）。

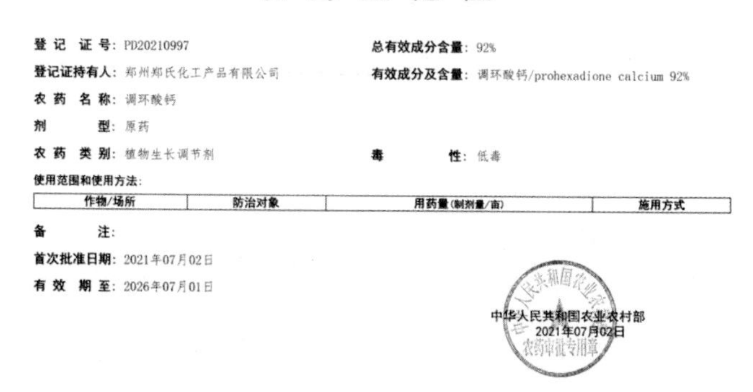

农药登记证

登记证号：PD20210997

总有效成分含量：92%

登记证持有人：郑州郑氏化工产品有限公司

有效成分及含量：调环酸钙/prohexadione calcium 92%

农药名称：调环酸钙

剂型：原药

农药类别：植物生长调节剂

毒性：低毒

使用范围和使用方法：

作物/场所	防治对象	用药量(制剂量/亩)	施用方式

备注：

首次批准日期：2021年07月02日

有效期至：2026年07月01日

中华人民共和国农业农村部
2021年07月02日

图1-7　郑氏化工92%调环酸钙原药登记证

表1-4　调环酸钙单剂及混剂登记情况汇总

登记名称	剂型	含量(%)	登记作物	使用技术	产品效果
调环酸钙	水分散粒剂	5	小麦	孕穗后期至抽穗前3～7 d使用2.5～3.75 g（有效成分）/亩喷雾使用1次	矮化、抗倒伏
			马铃薯	现蕾期至始花期使用1～2 g（有效成分）/亩喷雾使用2次，间隔10～15 d	控制旺长
			水稻	分蘖末期或拔节前7～10 d使用1～1.5 g（有效成分）/亩喷雾1次	矮化、抗倒伏
			花生	初花期至下针盛期使用2.5～3.75 g（有效成分）/亩喷雾施药1次	控制旺长

（续表）

登记名称	剂型	含量（%）	登记作物	使用技术	产品效果
调环酸钙	水分散粒剂	8	水稻	分蘖末期稀释2 500倍喷施1次	矮化、抗倒伏
			花生	谢花末期至下针期稀释1 200～1 333倍喷施1次	控制旺长
			马铃薯	现蕾期使用1.6～3.2 g（有效成分）/亩喷雾使用1次	增产、提高耐储性
		15	水稻	分蘖期使用1.2～1.5 g（有效成分）/亩喷雾使用1次	矮化、抗倒伏
			高羊茅草坪	草坪修剪后1～3 d内使用12～20 g（有效成分）/亩喷雾使用1次	控制生长速度
	悬浮剂	5	水稻	分蘖末期或拔节前7～10 d使用1～1.75 g（有效成分）/亩喷雾1次	矮化、抗倒伏
		10	花生	谢花末期至下针期使用2～4 g（有效成分）/亩喷雾施药1次	控制旺长
			棉花	现蕾期使用1.5～2.5 g（有效成分）/亩喷雾施药1次	控制旺长
			苹果	分别于开花期稀释600～1 000倍、小果期（直径10～30 mm时）稀释800～1 200倍喷雾施药1次	抑制新梢旺长促进花果发育
	可湿性粉剂	5	花生	谢花末期至下针期稀释1 000倍喷施1次	控制旺长
	泡腾片剂	5	水稻	分蘖末期前7～10 d使用1～1.5 g（有效成分）/亩喷雾1次	矮化、抗倒伏
调环酸钙·烯效唑	水分散粒剂	调环酸钙5 烯效唑10	水稻	三叶一心期至分蘖中期使用1.5～1.8 g（有效成分）/亩施药1次	矮化、抗倒伏

（续表）

登记名称	剂型	含量（%）	登记作物	使用技术	产品效果
调环酸钙·烯效唑	悬浮剂	调环酸钙5 烯效唑2	甘薯	主蔓长度达到50～70 cm时稀释1 000倍茎叶喷雾施药3次，间隔10～15 d	抑制主蔓伸长，促进甘薯膨大
		调环酸钙5 烯效唑10	水稻	拔节前7～10 d使用1.5～1.8 g（有效成分）/亩施药1次	矮化、抗倒伏
调环酸钙·S-诱抗素	可溶粉剂	调环酸钙10 S-诱抗素2	葡萄	幼果直径10～12 mm时稀释2 000～3 000倍全株喷施3次，间隔7～10 d	促进膨大着色

二、国外登记情况

调环酸钙已在美国、加拿大和日本登记应用（表1-5）。于1994年在日本推出上市，在日本的使用商品为1%、5%、25%调环酸钙水悬浮剂为主，推广作物主要有小麦、大麦、水稻、卷心菜、草莓、紫罗兰、菊花，以抑制节间伸长、促进开花为主要应用方向。在2011年将其与赤霉酸复配应用在梨上促进果实膨大。美国使用的商品以27.5%水分散粒剂为主，2000年巴斯夫在美国将其推广到了苹果上，也被批准用于梨树，花生和播种用草上，截至目前，登记作物已扩充到梨、草莓、甜樱桃、西洋菜等。

表1-5　调环酸钙在日本及美国的登记应用

登记名称	含量（%）	剂型	作物	使用浓度	备注
调环酸钙	75、94、95.3	原药	—	—	—

（续表）

登记名称	含量（%）	剂型	作物	使用浓度	备注
调环酸钙	27.5	水分散粒剂	苹果	120～491 mg/L（中高树势）	新梢长至2.5～7.5 cm时全株喷施或者喷施树冠；根据实际需要，可连续使用，间隔1～4周
				60～252 mg/L（低树势）	新梢长至2.5～7.5 cm时全株喷施或者喷施树冠；根据实际需要可连续使用，间隔1～4周
				60～168 mg/L（生长季节长）	新梢长至2.5～7.5 cm时用药1次；第2次和第3次用药间隔7～14 d；随后每次用药间隔10～14 d
			梨	100～120 mg/L	新梢长至2.5～7.5 cm时使用，在10～17 d后使用第2次，根据需要在14～21 d后使用第3次
				150～200 mg/L	新梢长至2.5～7.5 cm时使用1次，间隔21 d后再使用1次
			草坪	4.6～9.3 g/亩	播种前3～5 d使用1次，任何场地准备应在用药1～2 d后再进行
				18.6～112 g/亩	根据季节性和草坪自身情况在生长管理期，间隔2～4周用药，初始用量建议从低剂量开始
				18～37 g/亩	顶叶开始生长时喷施1次
				9～18 g/亩	顶叶开始生长时喷施1次，间隔7～10 d后再使用1次
			花生	9.4 g/亩	茎叶遮蔽行间50%时使用1次，根据需要可在100%遮蔽时减半量或者正常量再使用1次

（续表）

登记名称	含量（%）	剂型	作物	使用浓度	备注
调环酸钙	27.5	水分散粒剂	草莓	2.5 g/亩	5片叶完全展开时开始使用，可使用2～3次，间隔14～21 d
			甜樱桃	10～25 g/亩（高树势） 7.5～15 g g/亩（中树势）	新梢2.5～7.5 cm时喷施，如有需要可间隔14 d后重复喷施1次。（低树势不可使用）
			西洋菜	10 g/亩	早期收获前5～10 d喷施，根据长势如有需要，在7 d后可再用药1次
	1	悬浮剂	水稻	0.75～1.5 g/亩	使用1次
			卷心菜	稀释50～100倍	使用1次
			草莓	稀释200～600倍	定苗1次，定苗后1～3次
			紫罗兰	稀释1 000倍	10～14片叶时叶面喷雾，7～10 d后再喷1次
			菊花	稀释200～500倍	蕾期使用1～2次
	5	悬浮剂	小麦	5～6.6 g/亩	喷施或无人机喷施
			大麦	5～6.6 g/亩	全株喷施
	25	悬浮剂	早熟禾等草坪	6.6～13.2 g/亩	全株喷施，生育期使用6次以内
				20倍稀释	无人机喷施
	0.12	粉剂	水稻	2.4～3.2 g/亩	撒施
	1	涂抹剂	梨	20～30 mg/果	与赤霉酸1：1混合涂抹果梗，促进果实膨大

三、调环酸钙相关应用专利（表1-6）

表1-6　调环酸钙相关应用专利

公开(公告)号	专利名称	所涉及功能组合物	专利权人
CN113475505A	一种调节草坪草生长提高抗逆性的组合物及其制备方法与应用	冠菌素和调环酸钙	北京农学院
CN112876308A	一种叶面肥替代多效唑的麦冬提质增效方法	黄腐酸钾、调环酸钙和微量元素	四川省农业科学院经济作物育种栽培研究所
CN112568070A	一种松花菜的育苗方法	调环酸钙	湖南省蔬菜研究所
CN111149802A	一种柑橘树控梢组合物及其应用	乙氧氟草醚与调环酸钙	中国农业科学院植物保护研究所
CN111165254A	一种调控黄皮花穗生长的方法	调环酸钙	广东省农业科学院果树研究所
CN110692382A	化学抹除柑橘幼树花蕾的方法	调环酸钙与氟磺胺草醚	西南大学 | 重庆电子工程职业学院
CN110037025A	一种环保型果树用防冻剂及其制备方法	调环酸钙、甘油、维生素E等	临沂伯特利生物科技有限公司
CN109221125A	一种水稻延衰抗倒剂及其施用方法	有机螯合硅酸钾与调环酸钙	湖南杂交水稻研究中心
CN111034728A	一种烟草腋芽抑制剂及烟草腋芽抑制方法	氟节胺与调环酸钙	江苏龙灯化学有限公司
CN111034723A	一种果树和葡萄控梢剂及果树和葡萄的控梢方法	氟节胺与调环酸钙	江苏龙灯化学有限公司
CN111034727A	一种花生控旺剂及花生控旺方法	氟节胺与调环酸钙	江苏龙灯化学有限公司

（续表）

公开（公告）号	专利名称	所涉及功能组合物	专利权人
CN110710533A	一种含有氟节胺和调环酸钙的植物生长调节剂组合物	氟节胺与调环酸钙	江苏龙灯化学有限公司
CN108812668A	一种植物生长调节剂及其制备方法和应用	调环酸钙、2-氯-6-三氯甲基吡啶和己酸二乙氨基乙醇酯	山东省烟台市农业科学研究院
CN107969427A	一种植物生长调节组合物及调节剂及其用途	调环酸钙与脱落酸	湖北移栽灵农业科技股份有限公司
CN107711882A	一种含有调环酸钙和硝酸稀土的水稻生长调节剂组合物	调环酸钙与硝酸稀土	安阳全丰生物科技有限公司
CN107624757A	一种草莓控旺药剂	氟节胺与调环酸钙	浙江禾田化工有限公司｜连云港禾田化工有限公司
CN106576805A	一种甘薯控旺增产调节剂及其制备方法和应用	调环酸钙	山东省农业科学院作物研究所｜山东省农业技术推广总站
CN105766278A	一种烟草工厂化育苗中替代剪叶的壮苗方法	多效唑或矮壮素或调环酸钙	广东省烟草南雄科学研究所
CN105237216A	一种花生控旺药肥可湿性粉剂及花生植株控旺增产方法	调环酸钙、芸苔素内酯、嘧菌酯及肥料	金正大生态工程集团股份有限公司｜菏泽金正大生态工程有限公司
CN104782628A	一种温室水稻用植物生长调节剂、其制备方法及其应用	调环酸钙和芸苔素内酯组成	中国水稻研究所

（续表）

公开（公告）号	专利名称	所涉及功能组合物	专利权人
CN103814901A	一种调环酸钙和杀菌剂组合物	调环酸钙与氟环唑、戊唑醇、已唑醇、苯醚甲环唑等三唑类杀菌剂，或噻呋酰胺、氰菌胺等酰胺类杀菌剂，或多菌灵、甲基硫菌灵等苯并咪唑类杀菌剂，或胼鲜胺、胼鲜胺锰盐等咪唑类杀菌剂	郑州郑氏化工产品有限公司
CN103518737A	一种控旺增产药剂组合物及其应用	调环酸钙、多效唑和复硝酚钠、胺鲜酯或赤霉素等促进剂	郑州郑氏化工产品有限公司
CN103518719A	一种果树生长调节剂药剂组合物及其应用	调环酸钙与复硝酚钠、胺鲜酯、萘乙酸钠、三十烷醇、芸苔素内酯、6-苄氨基腺嘌呤等	郑州郑氏化工产品有限公司
CN103355153A	氯化胆碱和调环酸钙混用培育番茄壮苗的方法	氯化胆碱和调环酸钙	山东寿光蔬菜种业集团有限公司
CN102701858A	一种水稻控旺抗倒增产的调节剂组合物	调环酸钙、胺鲜酯、锌元素	郑州郑氏化工产品有限公司
CN102273460B	一种植物生长调节剂及其应用	调环酸钙和烯效唑	中国农业大学
CN1212765C	一种水稻抗倒伏制剂	调环酸钙、赤霉素	湖北移栽灵农业科技股份有限公司

第六节　调环酸钙剂型产品配方与工艺实例

调环酸钙原药不溶于水和多数有机溶剂，可做成可湿性粉剂、悬浮剂、水分散粒剂、片剂等多种剂型使用，常见的有10%调环酸钙可湿性粉剂、25%调环酸钙悬浮剂、15%调环酸钙水分散粒剂和5%泡腾片剂。

一、15%调环酸钙水分散粒剂

1. 产品组成（表1-7）

表1-7　15%调环酸钙水分散粒剂产品组成

配方组成	各物料比例	备注说明
调环酸钙原药	15%（折百）	有效成分
分散剂	3%～5%	改善产品性状
润湿剂	1%～3%	润湿增效
黏结剂	6%	增加成粒速率
消泡剂	适量	控制泡沫量
崩解剂	适量	崩解分散
填料	补足	载体/填料

2. 生产操作规程（图1-8）

（1）设备检查及领取原料　首先检查并确认所用的混合机、贮存罐、造粒机等设备相应阀门都处于关闭状态（确认生产线已清洁）。生产前将各原辅材料运至农药生产车间，进行生产备料。

（2）采用挤压造粒工艺生产　将原药、润湿剂、分散剂、

黏结剂和填料等加入锥形混合机中混合60 min，物料通过气流粉碎机将物料气流粉碎至325目以上，粉碎后的物料在锥形混合机中再混合30 min左右；之后将物料加入高速混合机，加水捏合，湿物料通过挤压造粒机造粒，湿颗粒进入流化床干燥机干燥、通过振动筛筛分，半成品称重，取样检测产品各项指标。

（3）成品包装　按生产要求调整好包装机，将检验合格的母料放入料车，将料车用提升机送至包装平台，开始装袋或装瓶、封口并放入包装箱，封箱，成品包装完成。

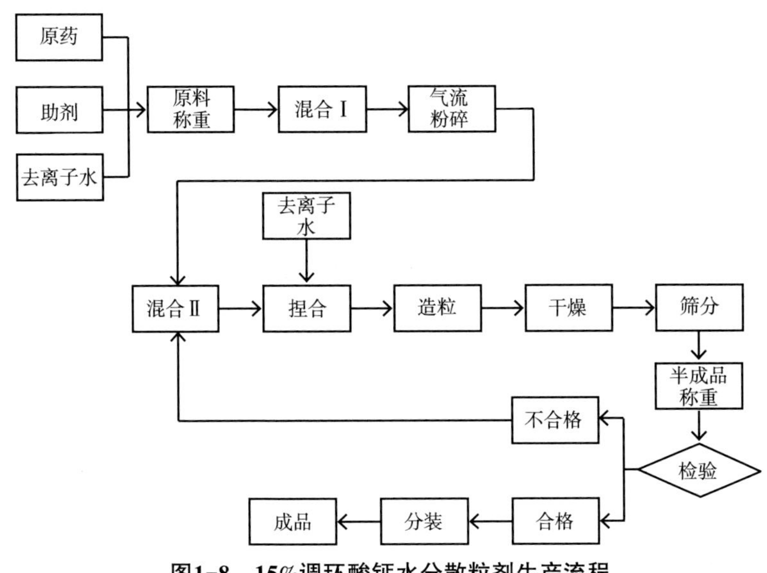

图1-8　15%调环酸钙水分散粒剂生产流程

二、15%调环酸钙·甲哌鎓悬浮剂

1. 产品组成（表1-8）

表1-8　15%调环酸钙·甲哌鎓悬浮剂产品组成

配方组成	各物料比例	备注说明
调环酸钙原药	2.5%（折百）	有效成分1

（续表）

配方组成	各物料比例	备注说明
甲哌鎓原药	12.5%（折百）	有效成分2
分散剂	2%～5%	改善产品性状
润湿剂	1%～3%	润湿增效
增稠剂	0.6%～1%	防止沉降
防冻剂	3%～6%	防止低温析出
消泡剂	适量	控制泡沫量
防腐剂	适量	抑制微生物发酵
去离子水	补足	载体/分散介质

2. 生产操作规程（图1-9）

（1）设备检查及领取原料　首先检查并确认所用的搅拌釜、砂磨机、贮存罐等设备相应阀门都处于关闭状态（确认生产线已清洁）。生产前将各原辅材料运至农药生产车间，进行生产备料。

（2）预制2%黄原胶溶液　开始配料前24～48 h，预先配制2%黄原胶溶液，将黄原胶加入去离子水中，每6～8 h机械搅拌1次。

（3）混合浆料的配制　液体助剂混合分散：将去离子水打入混料釜中，开启搅拌；依次加入液体助剂，投料完成后，搅拌10 min。固体助剂混合分散：依次加入固体助剂，投料完成后，搅拌10 min。原药混合分散：完成原药投料后，开启剪切，搅拌+剪切30～40 min，使浆料充分混合分散均匀后，加入预先配制好的2%黄原胶水溶液，继续搅拌+剪切20 min。

（4）物料粗磨　开启阀门，混合浆料过胶体磨粗磨，粗研磨完成后物料转移至暂存罐。

（5）物料三级细磨　三级细磨完成后，产品加工完成，过

滤后转移至贮存罐妥善储存，取样检测。

（6）成品包装　按生产要求调整好包装机，将检验合格的母料用提升机送至包装平台，开始装袋、封口并放入包装箱，封箱，成品包装完成。

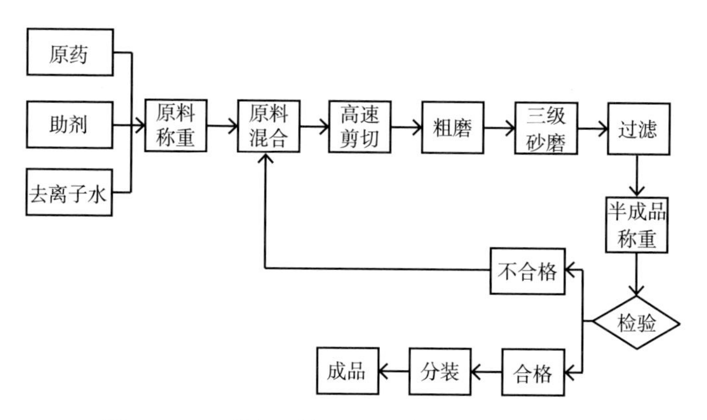

图1-9　15%调环酸钙·甲哌鎓悬浮剂生产流程

第七节　调环酸钙应用实例展示

一、田间应用

1. 小麦

作物品种　小麦（郑麦369）。

试验药剂及处理　处理A，15%调环酸钙WG8 g/15 L；处理B，15%调环酸钙WG16 g/15 L；处理C，15%调环酸钙WG24 g/15 L；对照药剂D，5%调环酸钙WP24 g/15 L；处理E，15%调环酸钙·甲哌鎓SC24 g/15 L；CK，清水。

施药时期 返青拔节期、扬花期分别施用1次；

调查方法 药后观察安全性，收获前进行取样测产，每个重复小区取2 m^{2}汇总后平均计算各处理理论亩产（图1-10）。

图1-10 试验地全景

结论 各处理千粒重的对比趋势与产量对比趋势一致，15%调环酸钙WG处理随着用药浓度升高，产量和千粒重数据呈先升高后降低的趋势，处理B（15%调环酸钙WG16 g/15 L）增产效果最佳。调环酸钙和甲哌鎓复配制剂优于各单剂处理，对小麦产量和千粒重有明显的促进作用（图1-11至图1-17）。

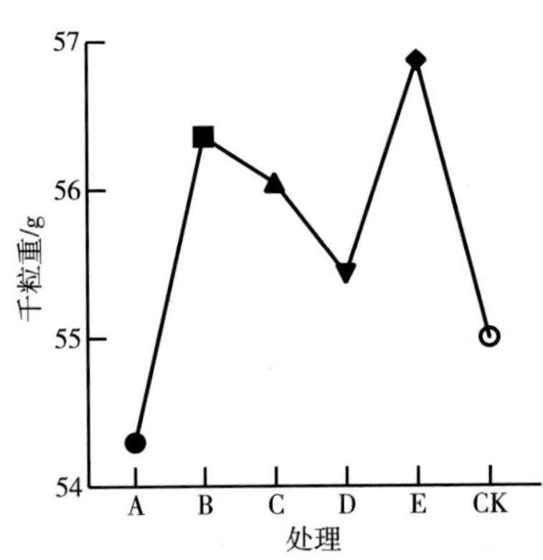

图1-11 不同处理的调环酸钙对小麦千粒重的影响

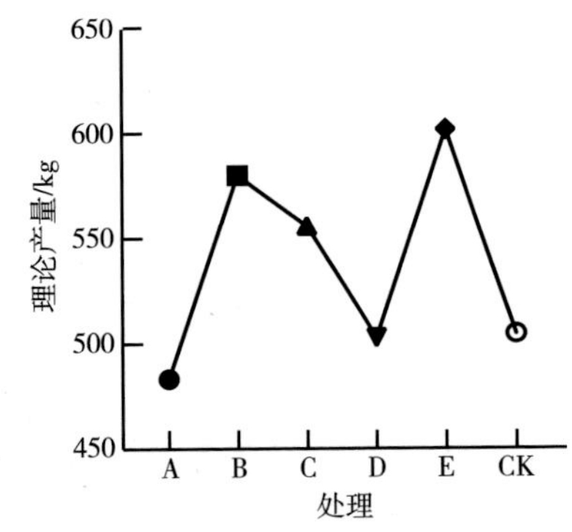

图1-12 不同处理的调环酸钙对小麦理论产量的影响

图1-13　测产取样

图1-14　收集小穗

图1-15　分类脱粒

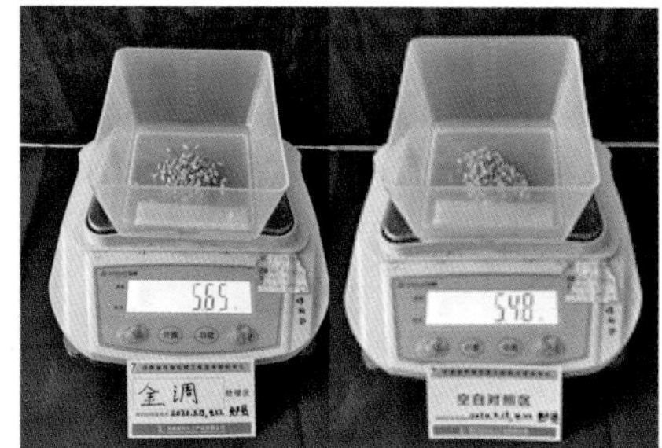

图1-16　测量粒重

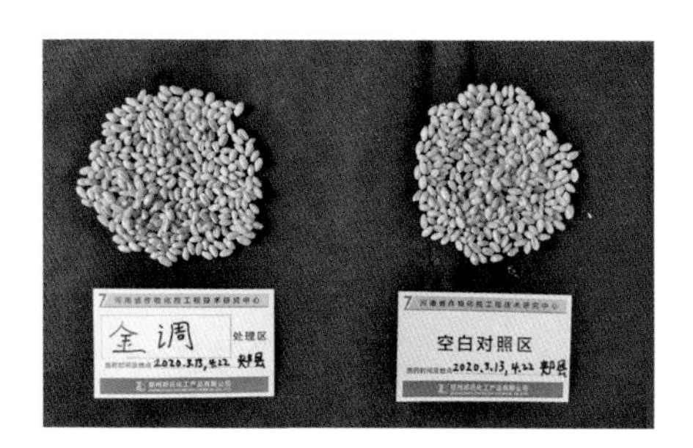

图1-17　效果对比

2. 水稻

作物品种　直播稻（武运粳8号）。

试验药剂及处理　处理A，25%调环酸钙SC33.75 g/hm^2；处理

B，25%调环酸钙SC45 g/hm^2；处理C, 25%调环酸钙SC56.25 g/hm^2; 处理D, 25%调环酸钙SC75 g/hm^2; 对照药剂E, 15%多效唑SC90 g/hm^2; CK, 清水（图1-18）。

图1-18　试验地全景

施药时期　在六叶一心时喷施。

调查方法　水稻采用5点取样调查，测量施药后及收获前1 d水稻株高、亩有效穗数和节间长度。收获时测量稻穗长、穗粒数、结实率、千粒重等。

结论　调环酸钙在武运粳8号上施用，药后2 d、35 d能显著降低期株高，收获前1 d株高与对照差异不显著，调环酸钙对水稻武运粳8号的控旺作用主要表现在倒1～3节，也就是水稻基部的节间；调环酸钙处理45 g/hm^2穗数最高，33.75 g/hm^2总粒数、千粒重和结实率最高，最终表现出来的却是56.25 g/hm^2产量最高。水稻武运粳8号的空白对照匍匐状倒伏75%，倒伏指数为10.5；15%多效唑WP处理匍匐状倒伏25%，倒伏指数为6；调环酸钙各处理均未出现倒伏现象。说明调环酸钙能够显著提高直播稻武运粳8号的抗倒能力（图1-19至图1-24）。

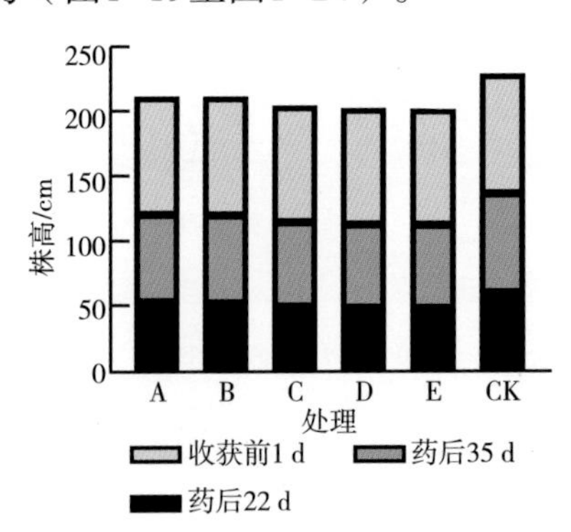

图1-19　不同处理的调环酸钙对水稻株高的影响

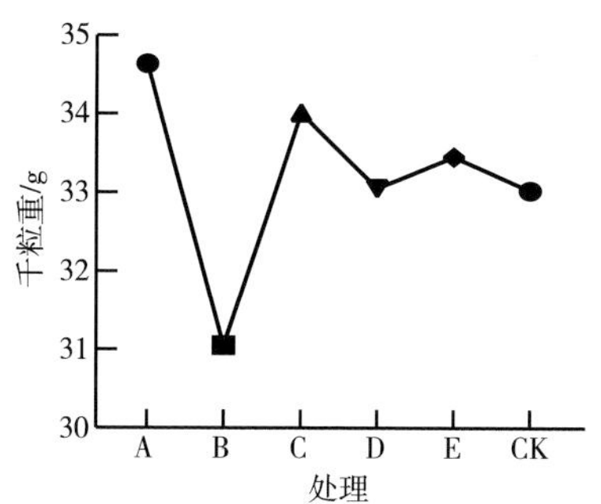

图1-20　不同处理的调环酸钙对水稻千粒重的影响

图1-21　不同处理的调环酸钙对水稻理论产量的影响

图1-22　药后12 d

图1-23　药后26 d

图1-24　取样点谷重测量

3. 花生

作物品种　花生。

试验药剂及处理　处理A，15%调环酸钙WG1 500倍液；处理B，15%调环酸钙WG1 000倍液；处理C，15%调环酸钙WG750倍液；处理D，市场竞品；CK，清水。

施药时期　初花期喷施。

调查方法　施药后调查植株生长表现，结荚期调查主茎高、侧枝长，收获期调查单株产量、百仁重等产量性状（图1-25）。

图1-25　试验地全景

结论　花生在初花期使用金调15%调环酸钙WG750～1 500倍液处理，各处理均可以降低花生的株高，且随着药剂浓度的增加，株高降低效果越明显；处理B对花生单株果数无明显影响，平均单果重数据高于空白对照。但随着浓度的增加有减少结果数的风险（图1-26至图1-28）。

图1-26　不同处理结果

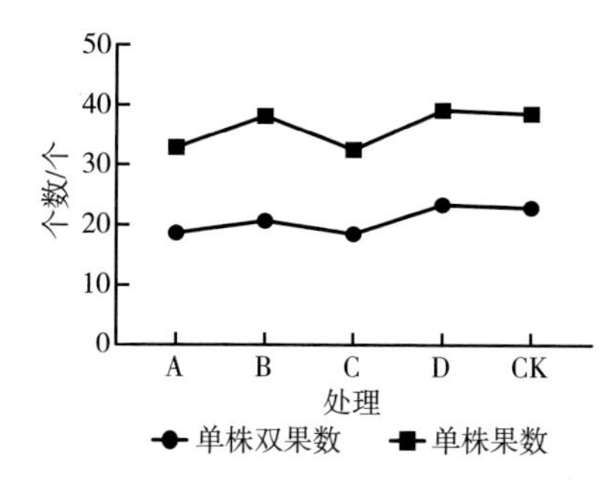

图1-27 不同处理的调环酸钙对花生果数的影响

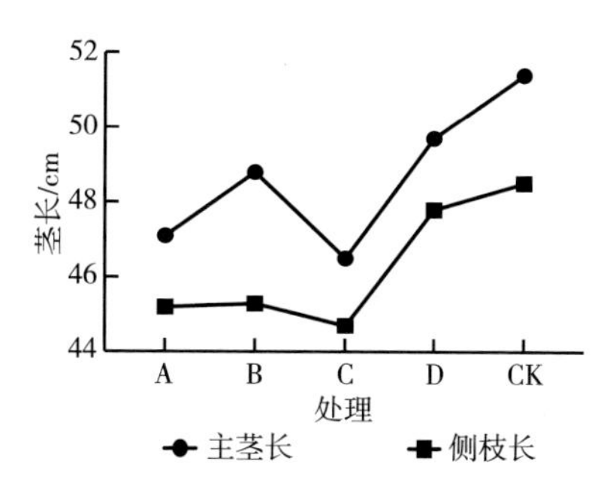

图1-28 不同处理的调环酸钙对花生茎长的影响

4. 棉花

作物品种 棉花。

试验药剂及处理 处理A，15%调环酸钙WG6 000倍液；处理B，15%调环酸钙WG3 000倍液；处理C，15%调环酸钙WG1 500倍液；处理D，15%调环酸钙WG750倍液；CK，清水。

施药时期 苗期，盆栽灌根处理；大田于打顶前喷施1次。

调查方法 盆栽试验于药后14 d、24 d调查棉花株高；大田试验测定棉桃产量（图1-29至图1-31）。

图1-29 试验全景（施药前）

图1-30 试验全景（采前）

结论 盆栽试验中，药后14 d调查，所有药剂处理株高增长量均显著小于空白对照，其中处理B、C、D 3个处理药剂处理棉花基本没有生长。药后24 d调查，B、C、D 3个处理株高增长均显著小于空白对照，且3个处理株高基本不变，高浓度抑制了生长；大田试验中，15%调环酸钙WG可提高棉花顶部青桃数量，提高坐桃数，增加产量，增产率达11.8%～12.1%（图1-32至图1-34）。

图1-31　测产过程

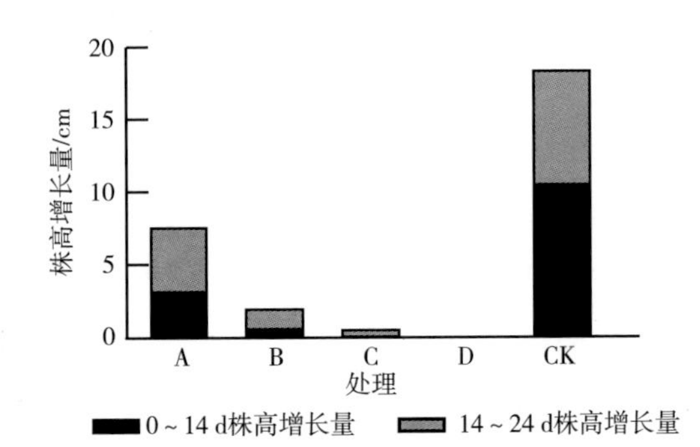

图1-32　不同处理的调环酸钙对棉花增长量的影响

图1-33　盆栽试验中各处理对棉花株高的影响

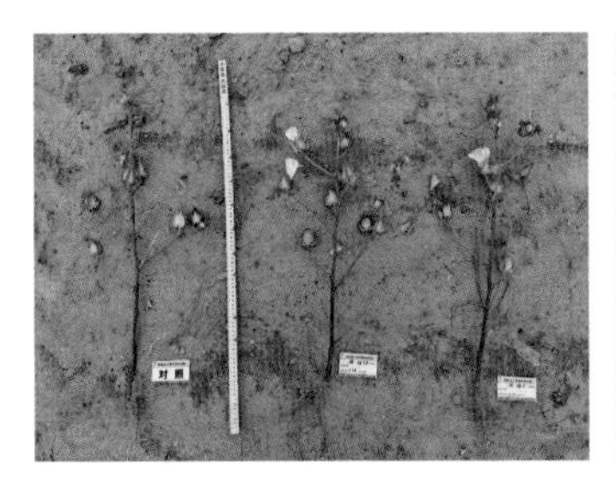

图1-34　大田试验调环酸钙相关处理对棉花株型及结桃数量的影响

二、设施试验

1. 番茄

试验药剂及处理　处理A，15%调环酸钙WG3 000倍液；处理B，15%调环酸钙WG1 500倍液；处理C，15%调环酸钙WG750倍液；处理D，市场竞品；CK，清水。

施药时期　番茄幼苗三叶一心期喷施用药。

调查方法　观察番茄幼苗长势，调查药后7 d、药后14 d、药后20 d株高、生长量等。

结论　番茄在三叶一心时喷施15%调环酸钙WG稀释3 000倍液，间隔7 d用药2次，能够明显地控制番茄徒长，使番茄苗茎秆粗壮，叶片更绿，培育壮苗（图1-35至图1-37）。

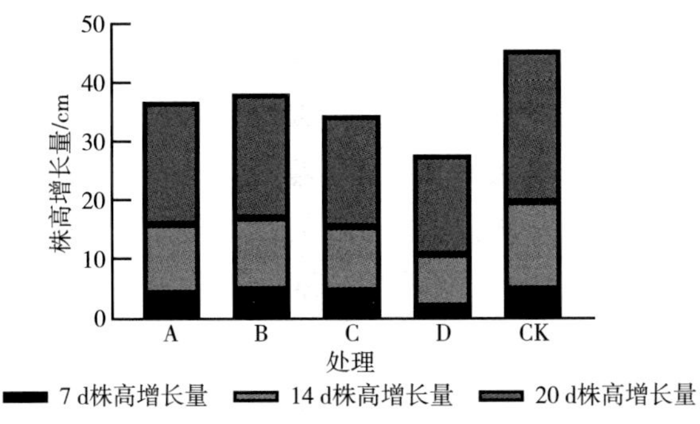

图1-35　不同处理的调环酸钙对番茄株高增长量的影响

图1-36　不同处理施药后株高

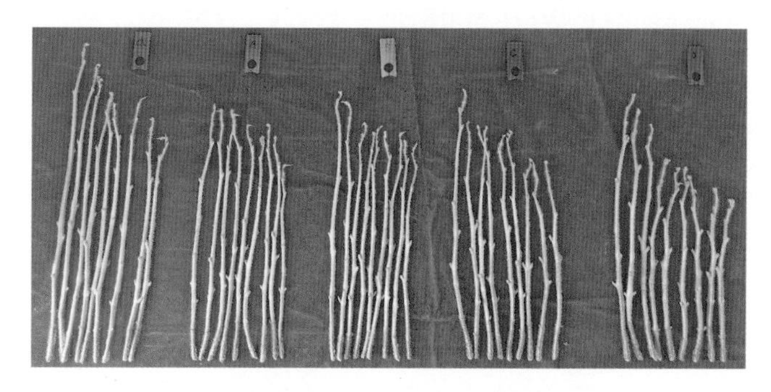

图1-37　药后20 d茎秆长度

2. 辣椒

试验药剂及处理　处理A，15%调环酸钙WG3 000倍液；处理B，15%调环酸钙WG1 500倍液；处理C，15%调环酸钙WG750倍液；处理F，市场竞品；CK，清水。

施药时期　辣椒苗盘，三叶一心期喷施。

调查方法　调查药后7 d、15 d辣椒株高，计算株高增长量。

结论　在三叶一心时喷施15%调环酸钙WG1 500倍稀释液1～

2次，间隔7 d，虽然不能明显降低辣椒株高，但能使辣椒叶片增绿，植株健壮，叶片变大，有利于培育壮苗（图1-38、图1-39）。

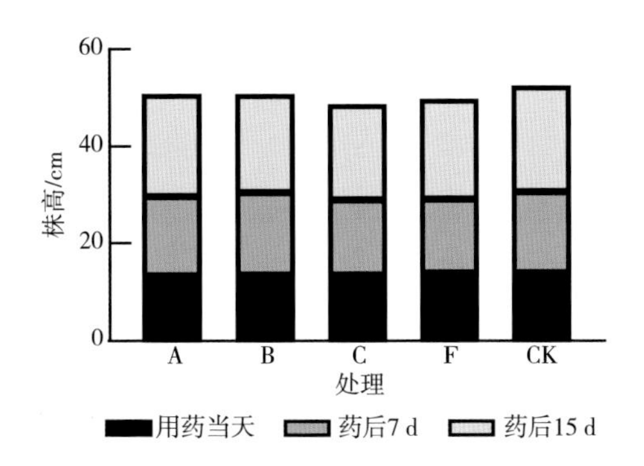

图1-38　不同处理的调环酸钙对辣椒株高的影响

图1-39　不同处理对辣椒的影响

3. 西瓜

试验药剂及处理　处理A，15%调环酸钙WG3 000倍液；处理B，15%调环酸钙WG1 500倍液；处理C，15%调环酸钙WG750

倍液；处理D，市场竞品；CK，清水。

施药时期 瓜蔓伸长初期喷施。

调查方法 测量药后7 d、14 d瓜蔓长度。

结论 西瓜在三叶一心时（瓜蔓抽出后）喷施15%调环酸钙WG1 500倍稀释液1～2次，间隔7 d，能够明显的控制西瓜徒长，促进绿叶，促进光合作用（图1-40、图1-41）。

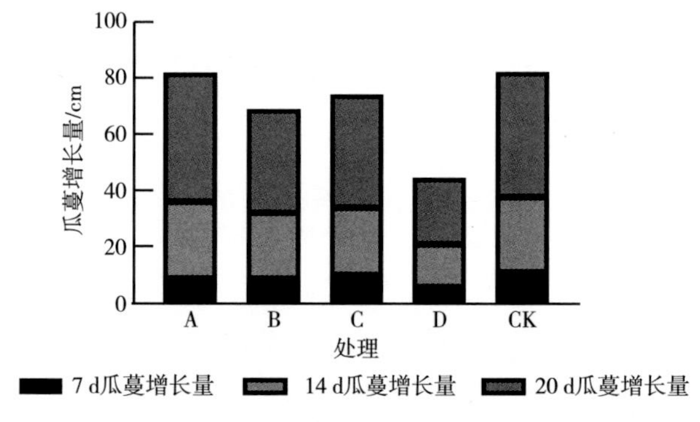

图1-40 不同处理的调环酸钙对西瓜苗增长量的影响

图1-41 不同处理对西瓜的影响

4. 黄瓜

试验药剂及处理 处理A，15%调环酸钙WG3 000倍液；处理B，15%调环酸钙WG5 000倍液；处理C，15%调环酸钙WG10 000倍液；处理D，15%调环酸钙WG30 000倍液；处理E，竞品10 000倍液；CK，清水。

施药时期 盆栽、育苗期灌根处理。

调查方法 药后7 d调查黄瓜下胚轴长度。

结论 黄瓜播种后浇灌调环酸钙能显著降低黄瓜下胚轴长度，处理A、B、C、D与对照比较有显著性差异，浓度越高，抑制效果越明显，但浓度过高会影响幼苗的正常生长，竞品与对照无显著性差异。通过观察及数据分析，建议黄瓜播种时每穴盘用15%调环酸钙WG5 000～30 000倍液稀释后灌根，能显著降低黄瓜下胚轴长度，从而降低株高，叶色浓绿，植株健壮，15%调环酸钙WG3 000倍液稀释时出现药害（图1-42，图1-43）。

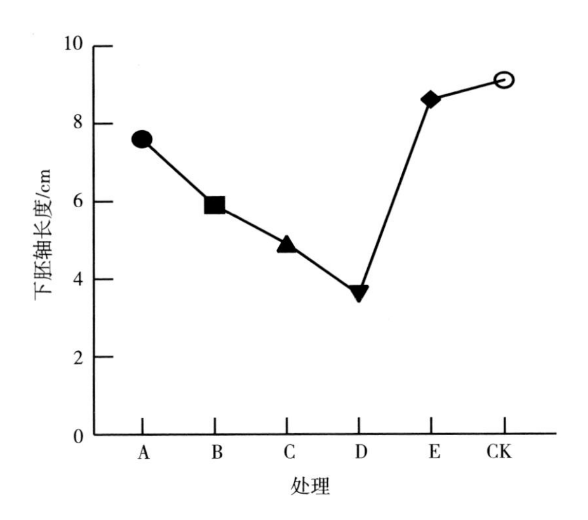

图1-42 不同处理的调环酸钙对黄瓜下胚轴的影响

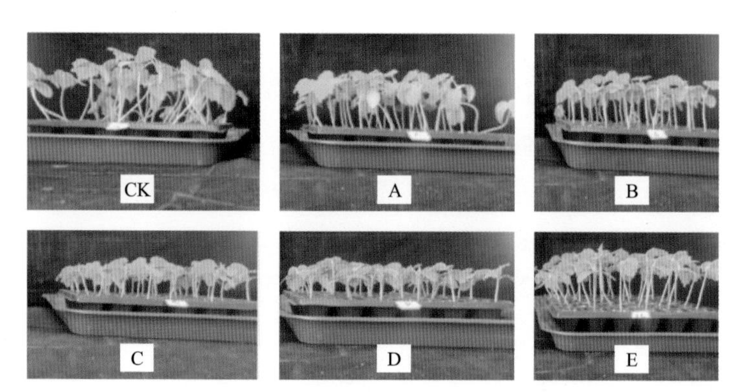

图1-43　不同处理对黄瓜的影响

5. 苹果

作物品种　3年生红富士。

试验药剂及处理　处理A，调环酸钙100 mg/L；处理B，调环酸钙200 mg/L；处理C，调环酸钙400 mg/L；处理D，多效唑1 000 mg/L；CK，清水。

施药时期　新梢萌动期喷施。

调查方法　测量药后15 d、30 d的新梢生长量。

结论　调环酸钙药后15 d，能显著抑制苹果新梢的生长。药后30 d与15 d效果表现一致，控梢效果表现为：调环酸钙400 mg/L>调环酸钙200 mg/L>多效唑1 000 mg/L。

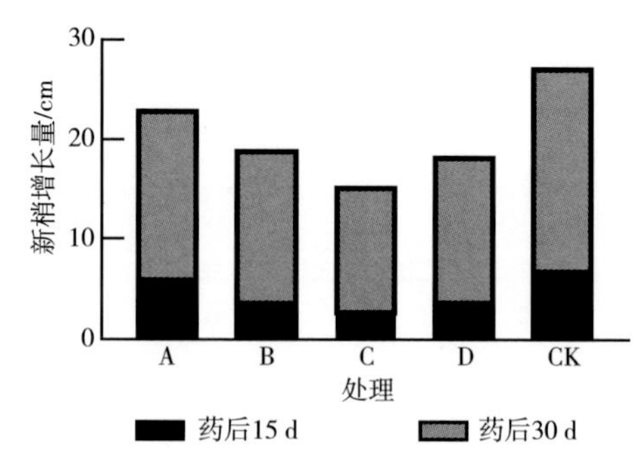

图1-44　不同处理的调环酸钙对苹果新梢增长量的影响

图1-45　不同处理对苹果的影响

6. 草莓

作物品种　圣诞红、红颜。

试验药剂及处理　处理A，15%调环酸钙WG6 000倍液；处理B，15%调环酸钙WG3 000倍液；处理C，15%调环酸钙WG1 500倍液；CK，清水。

施药时期　圣诞红于花果期全株喷施2次；红颜于温度回升出现徒长时喷施1次。

调查方法　测定药后匍匐茎抽发数量和长度，观测结果枝数量、果实纵横径大小。

结论　在圣诞红草莓和红颜草莓上使用15%调环酸钙WG1 500倍液或3 000倍液，可以减少草莓匍匐茎的抽发数量和降低草莓匍匐茎的生长长度，控制草莓匍匐茎旺长，同时促进果数量增多且对草莓果实的纵横径生长无不良影响（图1-46至图1-48）。

圣诞红草莓效果对比

圣诞红草莓——CK

圣诞红草莓——金调

图1-46　不同处理对圣诞红草莓的影响

图1-47　不同处理对红颜草莓的影响　**图1-48　金调处理对叶柄及新叶影响**

7. 马铃薯

试验药剂及处理 处理A，市场竞品；处理B，15%调环酸钙WG1 000倍液；处理C，15%调环酸钙WG1 000倍液+10%甲哌鎓SP600倍液；处理D，15%调环酸钙WG2 000倍液+10%甲哌鎓SP600倍液；处理E，10%甲哌鎓SP600倍液；处理F，15%调环酸钙WG500倍液；CK，清水。

施药时期 块茎膨大期喷施，间隔1周进行第2次施药。

调查方法 收获前调查各处理产量表现，每个处理随机选取3个点，每个点1.8 m^2（2 m × 0.9 m），收获取样点内的马铃薯，测产称重，估算亩产量。

结论 处理A市场竞品与处理B15%调环酸钙WG1 000倍液增产效果均明显；处理C15%调环酸钙WG1 000倍液+10%甲哌鎓SP600倍液与D处理15%调环酸钙WG2 000倍液+10%甲哌鎓SP600倍液相比，处理D增产效果更明显；处理E10%甲哌鎓SP600倍液对马铃薯亦有明显增产效果，高浓度15%调环酸钙WG500倍液处理，对产量影响不大（图1-49、图1-50）。

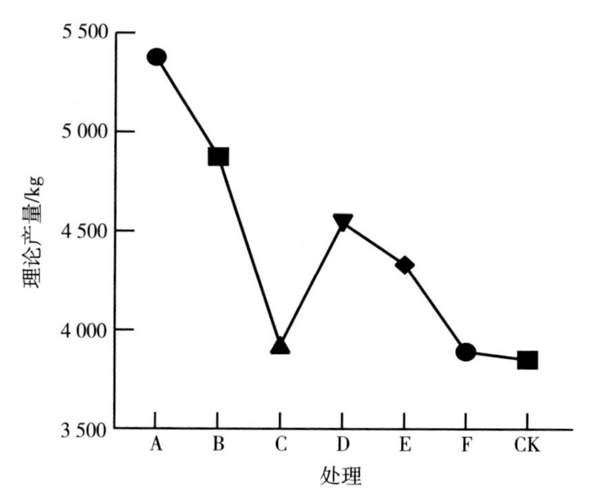

图1-49 不同处理的调环酸钙对马铃薯理论产量的影响

图1-50　试验测产

8. 草坪

作物品种　高羊茅。

试验药剂及处理　处理A，10%调环酸钙WP1 000倍液；处理B，10%调环酸钙WP200倍液；处理C，10%调环酸钙WP100倍液；对照药剂D，15%多效唑SC200倍液；处理E，15%调环酸钙·多效唑SC500倍液；处理F，15%调环酸钙·多效唑SC300倍液；CK，清水。

施药时期　草坪修剪后2 d喷施。

调查方法　草坪在药后3 d、5 d、8 d、11 d、17 d每个小区随机选择30株草测量草高和分蘖数，观察叶色和致密度变化（图1-51）。

图1-51　试验开展过程

结论　各处理均可延缓草地高羊茅的生长，降低其生长速度。其中调环·多效唑复配的两个处理，17 d后抑制率分别达到26%和31%，高浓度的调环酸钙和多效唑效果也较好，生长抑制率高于20%，低浓度效果相对不明显。调环酸钙各处理对草坪草高羊茅均有不同程度的矮化、促分蘖、增绿的作用。其中以调环酸钙和多效唑两元复配效果最佳（图1-52至图1-55）。

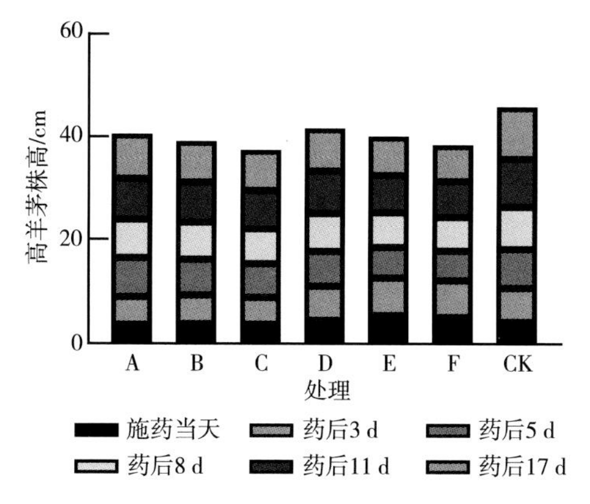

图1-52　不同处理的调环酸钙对高羊茅株高的影响

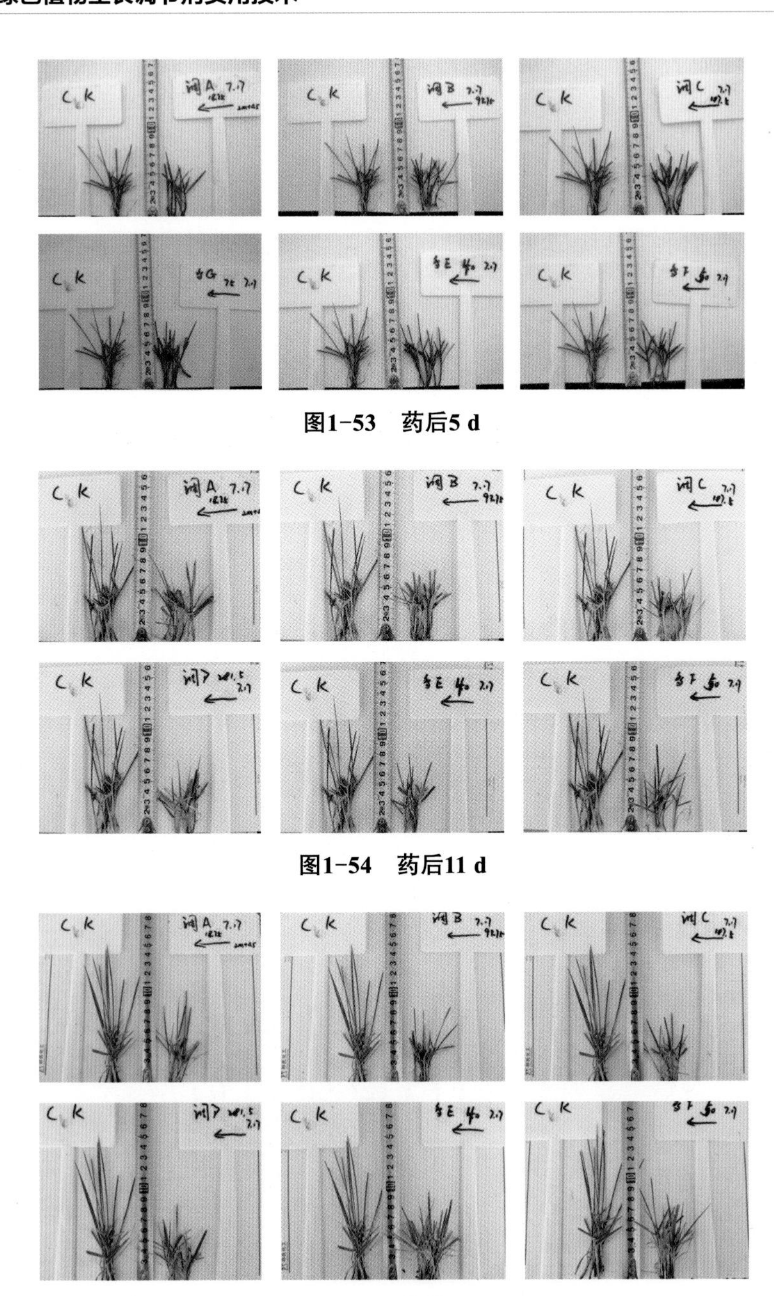

图1-53　药后5 d

图1-54　药后11 d

图1-55　药后17 d

第八节　调环酸钙的应用展望及注意事项

一、使用注意事项

1.调环酸钙使用后半衰期短、降解快，规范合理使用后在作物上不会产生药害。

2.调环酸钙在酸性土壤中易降解，如需土施，请注意添加保护剂、稳定剂，促进药效稳定发挥。

3.在不同品种的作物上以及不同生长时期使用调环酸钙，效应不相同，请做小面积试验后再推广。

二、具有应用潜力的调环酸钙复配技术

近年来，调环酸钙在粮食、果树及经济作物上的应用研究相当活跃，迎来了大量新型、安全型延缓剂成功应用的崭新阶段，同时也在除控制旺长之外的其他方面扩大了应用范围。

1. 调环酸钙+甲哌鎓

在甘薯、马铃薯、大蒜、大黄等根茎作物上，单用调环酸钙就能控制枝条和藤蔓旺长，调控库-源关系，促进营养向块根转移，增加产量，而单用甲哌鎓则对控制地上部旺长作用不显著，但具有显著的增产效应。将两者复配应用，则可以显著降低调环酸钙的使用剂量，起到减本增效的作用。

2. 调环酸钙+抗倒酯

在小麦伸长生长阶段，单用调环酸钙或抗倒酯喷施使用，调环酸钙抑制株高的作用弱于抗倒酯，抗倒酯对后期穗粒发育则有一定的抑制影响，将两者混用喷施使用，则在抑制茎叶伸长的同时，对穗粒发育表现出齐穗、籽粒饱满的效果，表现出两者延缓剂在控旺促增产上有相互协同的作用。

3. 调环酸钙+烯效唑

在水稻拔节前、花生谢花末期、柑橘夏梢和冬梢新梢生长初期，使用调环酸钙和烯效唑的混剂喷施处理，能有效降低水稻株高，促进分蘖；降低花生株高，增加下针数量；抑制柑橘新梢旺长，促进花果发育；综合效果显著优于各单剂处理。

4. 调环酸钙+赤霉酸

调环酸钙对作物花、果的发育与作物品种、施药部位、使用剂量、使用次数等因素有关，其在低浓度下，有助于梨、苹果、番茄等作物的坐果。与赤霉酸1∶1复配喷果处理，促进坐果的效应会翻倍增加。

5. 调环酸钙+芸苔素内酯

调环酸钙在一定浓度范围内，通过增加细胞膜的完整性和影响保护酶活性，起到缓解番茄采后冻害及黄瓜、辣椒等生育期低温冻害、抵抗玉米干旱等作用。与芸苔素内酯混合使用情况下，抗逆效应则显著增加。

第二章

芸苔素内酯

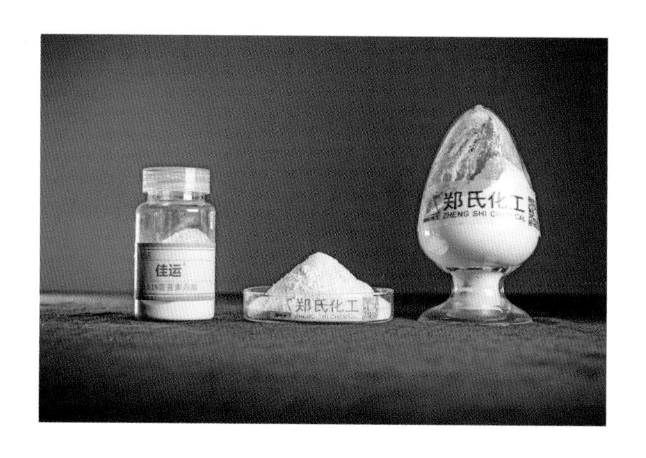

第一节　芸苔素内酯产品简介

【中文通用名称】芸苔素内酯、BR

【英文通用名称】Brassinolide

【商品名称】佳运、金运

【化学名称】

28-高芸苔素内酯：（22R，23R，24S）-2α，3α，22，23-四羟基-24-乙基-B-高-7-氧杂-5α-胆甾-6-酮

24-表芸苔素内酯：（22R，23R，24R）-2α，3α，22，23-四羟基-24-甲基-B-高-7-氧杂-5α-胆甾-6-酮

22，23，24-表芸苔素内酯：（22S，23S，24R）-2α，3α，22，23-四羟基-24-甲基-B-高-7-氧杂-5α-胆甾-6-酮

28-表高芸苔素内酯：（22S，23S，24S）-2α，3α，22，23-四羟基-24-乙基-B-高-7-氧杂-5α-胆甾-6-酮

【CAS号】28-高芸苔素内酯：82373-95-3

24-表芸苔素内酯：78821-43-9

22，23，24-表芸苔素内酯：78821-42-8

28-表高芸苔素内酯：80483-89-2

【化学结构式】

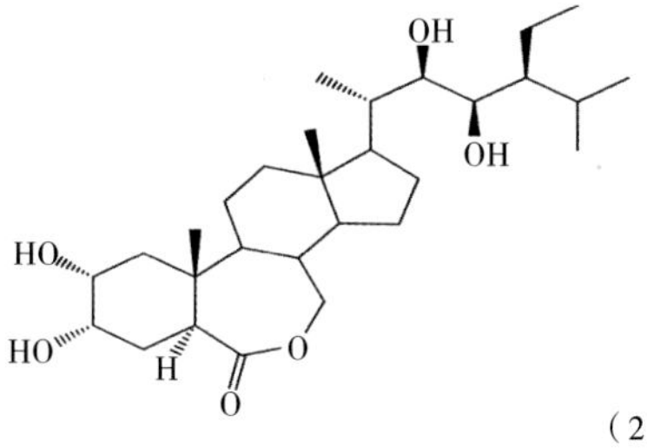

（1） 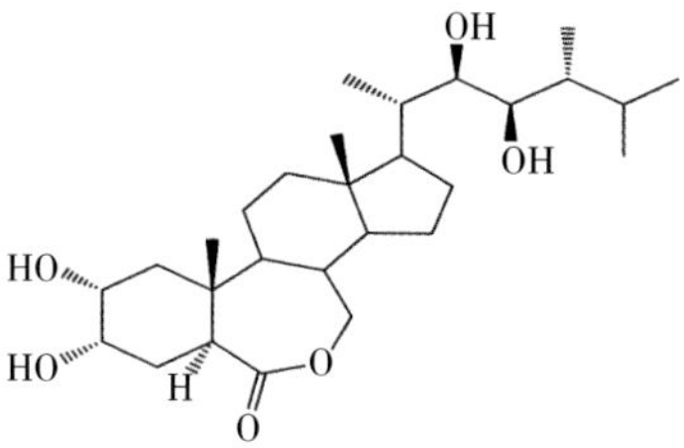　　（2）

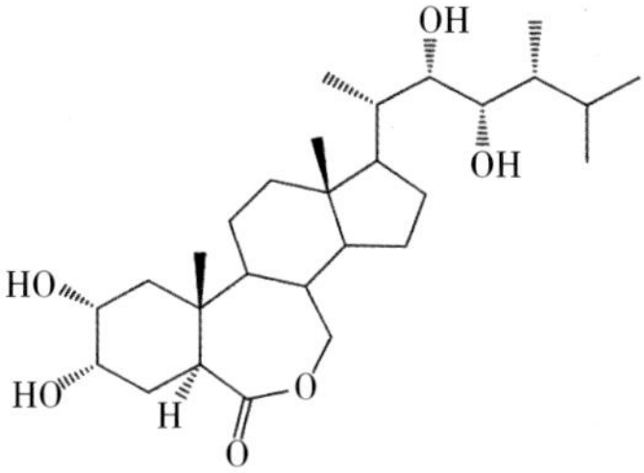

（3） 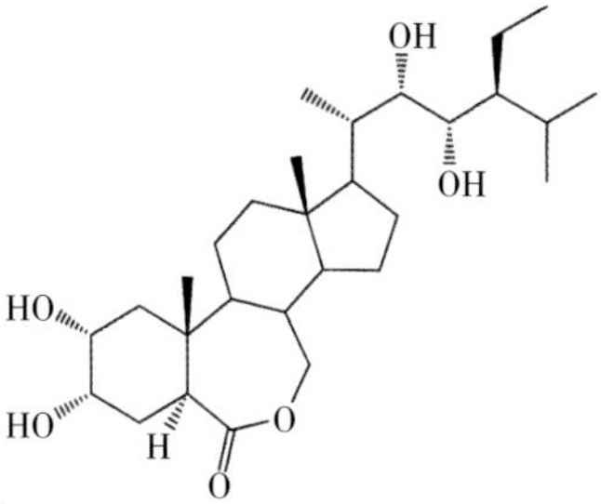　　（4）

【分子式】28-高芸苔素内酯：$C_{29}H_{50}O_6$

24-表芸苔素内酯：$C_{28}H_{48}O_6$

22,23,24-表芸苔素内酯：$C_{28}H_{48}O_6$

28-表高芸苔素内酯：$C_{29}H_{50}O_6$

【相对分子量】28-高芸苔素内酯：494.8

24-表芸苔素内酯：480.7

22,23,24-表芸苔素内酯：480.7

28-表高芸苔素内酯：494.8

【理化性质】28-高芸苔素内酯纯物质为白色粉末，熔点256～258℃，不溶于水，可溶于甲醇、乙醇、二甲基亚砜等有机溶剂，在酸性、中性条件下稳定，对光、热稳定。

24-表芸苔素内酯纯物质为白色粉末，熔点256℃，闪点为

（202.3 ± 25）℃。不溶于水，可溶于甲醇、乙醇、二甲基亚砜等有机溶剂，在酸性、中性条件下稳定，对光、热稳定。

24-混表芸苔素内酯为24-表芸苔素内酯与22,23,24-表芸苔素内酯的混合物，不同比例的混合物外观均为白色粉状物，不溶于水，可溶于甲醇、乙醇、二甲基亚砜等有机溶剂，在酸性、中性条件下稳定，对光、热稳定。

28-表高芸苔素内酯纯物质为白色粉末，熔点193～194℃，闪点为（203.2 ± 25）℃。不溶于水，可溶于甲醇、乙醇、二甲基亚砜等有机溶剂，在酸性、中性条件下稳定，对光、热稳定。

【毒性】90%24-表芸苔素内酯原药急性毒性试验结果为：对成年大鼠雄/雌的急性经口毒性LD_{50}>5 000 mg/L，属微毒性；对成年大鼠雄/雌的急性经皮毒性LD_{50}>5 000 mg/L，属微毒性；对成年大鼠雄/雌的急性吸入毒性LC_{50}>5 000 mg/L，属微毒性。致突变性（体内和体外）试验结果为：对哺乳动物无致畸、致突变性。

90%28-高芸苔素内酯原药急性毒性试验结果为：对成年大鼠雄/雌的急性经口毒性LD_{50}>5 000 mg/L，属微毒性；对成年大鼠雄/雌的急性经皮毒性LD_{50}>5 000 mg/L，属微毒性；对成年大鼠雄/雌的急性吸入毒性LC_{50}>2 000 mg/m^3，属低毒性。致突变性（体内和体外）试验结果为：对哺乳动物无致畸、致突变性。

【环境生物安全性评价】90%24-表芸苔素内酯原药环境影响试验结果为：对鸟类日本鹌鹑急性经口毒性有效浓度LD_{50}（7 d）>2 000 mg/L体重，属低毒性；对蜜蜂急性经口毒性有效浓度LD_{50}（48 h）>100μg/蜂，属低毒性；对鱼类斑马鱼急性毒性有效浓度LC_{50}（96 h）>100 mg/L，属低毒性；对大型溞急性毒性有效浓度EC_{50}（48 h）>100 mg/L，属低毒性。

90%28-高芸苔素内酯原药环境影响试验结果为：对鸟类日本鹌鹑急性经口毒性有效浓度LD_{50}（7 d）>2 000 mg/L体重，属低毒性；对蜜蜂急性经口毒性有效浓度LD_{50}（48 h）>11μg/蜂，属低毒性；对鱼类斑马鱼急性毒性有效浓度LC_{50}（96 h）>3.5 mg/L，属中毒性；对大型溞急性毒性有效浓度EC_{50}（48 h）为0.007 mg/L，属中毒性。

【产品及规格】90%原药，100 g/袋；1kg/袋。

第二节　90%芸苔素内酯原药质量控制

90%28-高芸苔素内酯原药执行企业标准Q/ZZH 84—2022，各项目控制指标应符合表2-1要求。

表2-1　90%28-高芸苔素内酯原药质量标准

检测项目	指标	检测方法及标准
外观	白色粉末，无可见机械杂质	目测
28-高芸苔素内酯质量分数（%）≥	90.0	液相色谱法
pH值范围	6.0 ~ 9.0	《农药pH值的测定方法》（GB/T 1601—1993）
水分（%）≤	1.0	《农药水分测定方法》（GB/T 1600—2001）
丙酮不溶物（%）≤	1.0	《农药丙酮不溶物的测定方法》（GB/T 19138—2003）

90%24-表芸苔素内酯原药执行企业标准Q/ZZH 81—2023，

各项目控制指标应符合表2-2要求。

表2-2　90%24-表芸苔素内酯原药质量标准

检测项目	指标	检测方法及标准
外观	白色粉末，无可见机械杂质	目测
24-表芸苔素内酯质量分数（%）≥	90.0	液相色谱法
pH值范围	5.0～8.0	《农药pH值的测定方法》（GB/T 1601—1993）
水分（%）≤	1.0	《农药水分测定方法》（GB/T 1600—2001）
丙酮不溶物（%）≤	0.5	《农药丙酮不溶物的测定方法》（GB/T 19138—2003）

90%24-混表芸苔素内酯原药执行内部标准ZS-ZL-YY006，各项目控制指标应符合表2-3要求。

表2-3　90%24-混表芸苔素内酯原药质量标准

检测项目	指标	检测方法及标准
外观	白色粉末，无可见机械杂质	目测
24-表芸苔素内酯与22,23,24-表芸苔素内酯总质量分数（%）≥	90.0	液相色谱法
pH值范围	5.0～7.0	《农药pH值的测定方法》（GB/T 1601—1993）
水分（%）≤	1.0	《农药水分测定方法》（GB/T 1600—2001）
丙酮不溶物（%）≤	1.0	《农药丙酮不溶物的测定方法》（GB/T 19138—2003）

90%28-表高芸苔素内酯原药执行内部标准ZS-ZL-YY008，各项目控制指标应符合表2-4要求。

表2-4　90%28-表高芸苔素内酯原药质量标准

检测项目	指标	检测方法及标准
外观	白色粉末，无可见机械杂质	目测
28-表高芸苔素内酯质量分数（%）≥	90.0	液相色谱法
pH值范围	5.0 ~ 8.0	《农药pH值的测定方法》（GB/T 1601—1993）
水分（%）≤	1.0	《农药水分测定方法》（GB/T 1600—2001）
丙酮不溶物（%）≤	0.5	《农药丙酮不溶物的测定方法》（GB/T 19138—2003）

一、芸苔素质量分数的测定

试样用甲醇溶解，在室温下与苯硼酸衍生化反应0.5 h，以乙腈+水为流动相，使用C18为填充物的不锈钢柱和紫外检测器，在222nm波长下对试样中的芸苔素内酯进行高效液相色谱分离和测定（可根据不同仪器特点对给定操作参数作适当调整，以期获得最佳效果）。

典型的28-高芸苔素内酯标样、28-高芸苔素内酯试样高效液相色谱图见图2-1、图2-2。

典型的24-表芸苔素内酯标样、24-表芸苔素内酯试样高效液相色谱图见图2-3、图2-4。

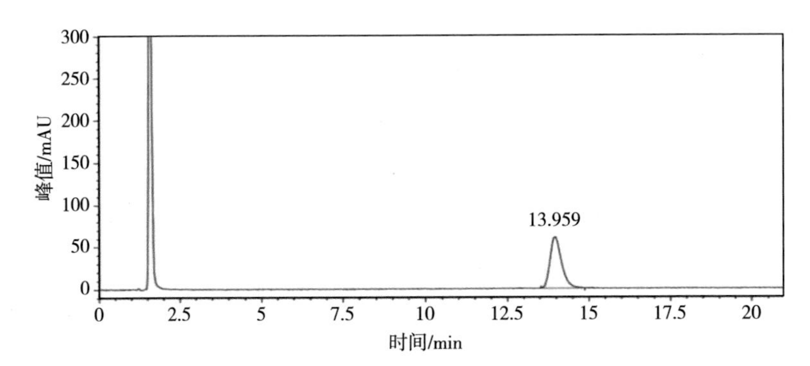

图2-1　28-高芸苔素内酯标样高效液相色谱

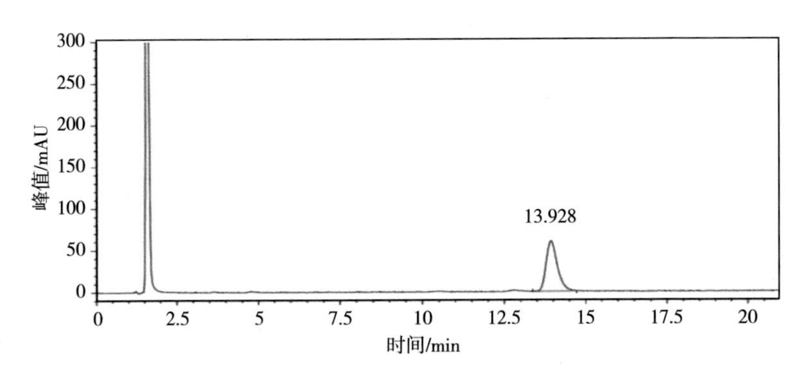

图2-2　28-高芸苔素内酯试样高效液相色谱

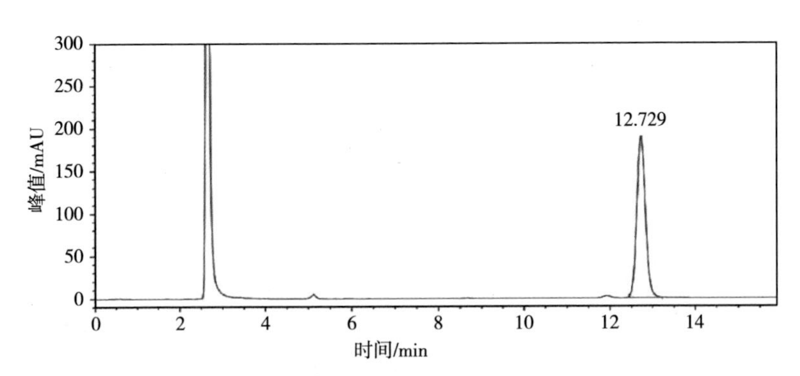

图2-3　24-表芸苔素内酯标样高效液相色谱

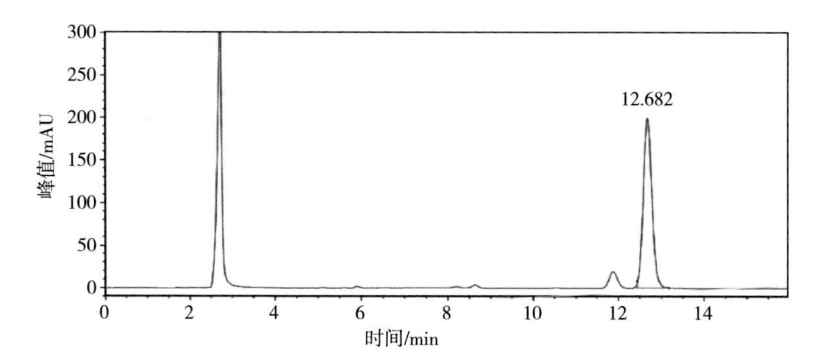

图2-4 24-表芸苔素内酯试样高效液相色谱

典型的24-混表芸苔素内酯标样、24-混表芸苔素内酯试样高效液相色谱图见图2-5、图2-6。

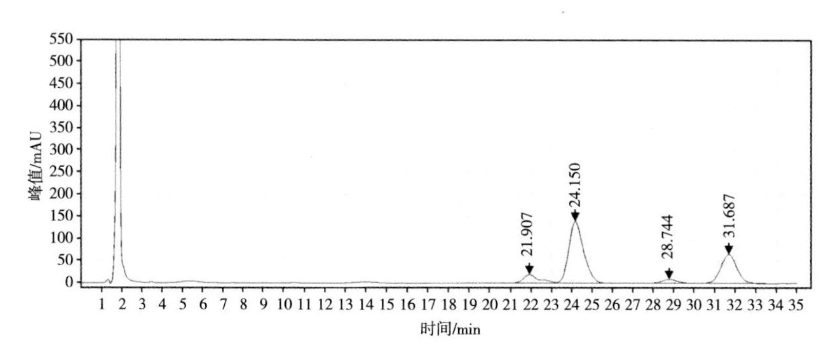

图2-5 24-混表芸苔素内酯标样高效液相色谱

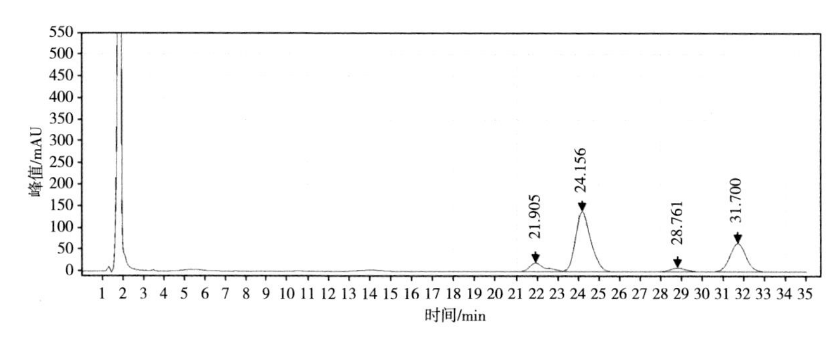

图2-6 24-混表芸苔素内酯试样高效液相色谱

典型的28-表高芸苔素内酯标样、28-表高芸苔素内酯试样高效液相色谱图见图2-7、图2-8。

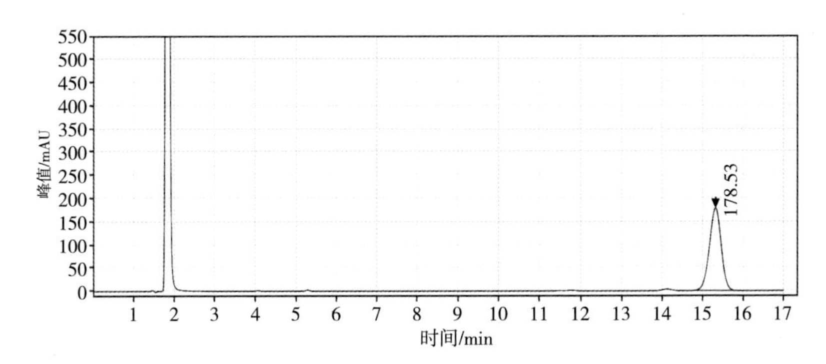

图2-7　28-表高芸苔素内酯标样高效液相色谱

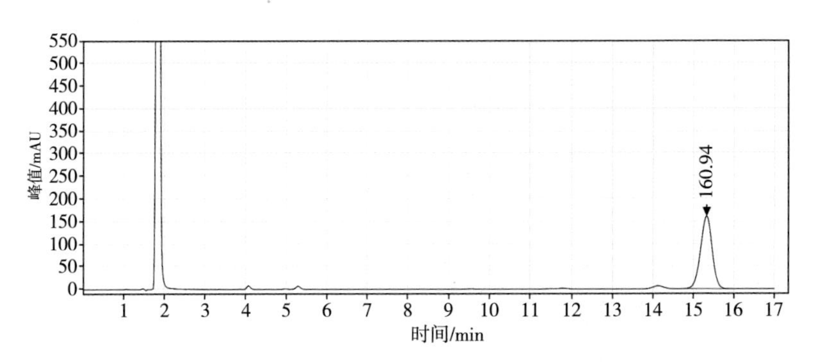

图2-8　28-表高芸苔素内酯试样高效液相色谱

二、水分的测定

按《农药水分测定方法》（GB/T1600—2001）进行。

三、pH值的测定

按《农药pH值的测定方法》（GB/T 1601—1993）进行。

四、丙酮不溶物

按《农药丙酮不溶物的测定方法》（GB/T 19138—2013）进行。

第三节　芸苔素内酯的功能作用

一、作用机理

芸苔素内酯是第六大植物内源激素，经与植物体内受体结合起到调节植物生长发育的作用。芸苔素内酯与受体具有高度亲和性和特异性，受体结合物可以增加RNA聚合酶的活性，增加RNA、DNA含量，可增加细胞膜的电势差、ATP酶的活性，进而调节植物对物质的吸收和代谢能力。此外，芸苔素内酯还可以强化生长素，通过增加生长素的效能起作用（图2-9）。

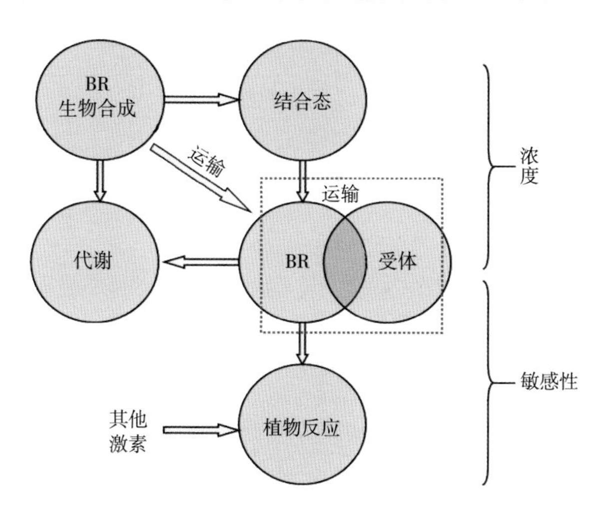

图2-9　内源BR的生理功能发挥简图

二、功能特点

1. 植物内源物质，活性高，使用浓度低，无毒害作用

天然芸苔素内酯是由美国Mirchell等1970年首先从油菜花粉中提取获得一种显著促进豆苗生长的物质，是以甾醇为骨架的植物内源甾体类生理活性物质，故又命名为油菜素内酯（BR）。作为1种广泛存在于植物体内的植物内源物质，它在极低浓度下就对植物茎的伸长和细胞分裂具有强烈促进作用，在国际上被公认为活性最高的高效、广谱、无毒的植物生长调节剂，能充分发挥植物内在潜能，全面调节植物的生长，发挥生长优势。

2. 不同结构的芸苔素内酯，生物活性有所差异

采用不同的生物活性测试方法验证不同结构芸苔素内酯的生物活性差异，试验证实不同作物对不同结构芸苔素内酯的敏感性有差异，与植物体内受体数目、受体与不同结构芸苔素内酯的亲和性、植物反应能力等因素有关。进一步通过盆栽试验验证得到如下结论（表2-5）。

表2-5　不同结构芸苔素内酯的活性

作物	活性顺序
小麦	28-高芸苔素内酯>28-表高芸苔素内酯>24-表芸苔素内酯>24-混表芸苔素内酯
水稻	28-高芸苔素内酯>28-表高芸苔素内酯>24-表芸苔素内酯>24-混表芸苔素内酯
玉米	28-高芸苔素内酯>24-表芸苔素内酯>24-混表芸苔素内酯>28-表高芸苔素内酯
番茄	24-表芸苔素内酯>28-高芸苔素内酯>24-混表芸苔素内酯>28-表高芸苔素内酯
西瓜	28-高芸苔素内酯≈24-表芸苔素内酯>24-混表芸苔素内酯>28-表高芸苔素内酯
柑橘	28-高芸苔素内酯>24-表芸苔素内酯>28-表高芸苔素内酯>24-混表芸苔素内酯

3. 易合成获得，结构明确，来源稳定

科学家们先后从油菜花、栗树的虫瘿、豆科植物未成熟的种子、绿茶的新鲜叶子和白菜未成熟的豆荚中分离得到芸苔素内酯的类似物，但由于天然植物中提取得到的芸苔素内酯系列化合物的含量极少，且提取产物纯度不高，远远不能满足研究和农业生产的需求。于是人们选择自然界中具有与芸苔素内酯基本母体骨架的豆甾醇和麦角甾醇为原料，利用化学方法对侧链的改造来获得不同结构的芸苔素内酯。其中，豆甾醇具有28-高芸苔素内酯和28-表高芸苔素内酯的基本母体骨架，麦角甾醇具有24-表芸苔素内酯和24-混表芸苔素内酯的基本母体骨架，因此，利用麦角甾醇和豆甾醇作原料，通过半合成的方式来进行4种芸苔素内酯的产业化生产，具有原料易得、结构明确、工艺稳定的优势。

4. 作用广谱，生理作用多样

不同结构的芸苔素内酯活性有差异，但均具有较高活性，可经由植物的叶、茎、根吸收，具有多种功能效应且生理作用表现兼具生长素、赤霉素、细胞分裂素、诱抗素等其他内源激素的特点。第一，芸苔素内酯能够提高酶的活性，促进早期发育。例如能够提高淀粉酶活性，打破休眠，促进种子萌发；增强ATP酶活性，促进质膜分泌H^+到细胞壁，松弛细胞壁，使细胞伸长，同时可促进细胞分裂；促进RNA聚合酶的活性，抑制RNA、DNA水解酶的活性，整体增加了核酸和蛋白质的积累。第二，芸苔素内酯能够强化（平衡）生长素的作用，诱导IAA响应基因表达，促进IAA在下胚轴和主根中的运输，虽然不能整体提高IAA水平，但可改变其在不同组织中的含量分布。第三，芸苔素内酯能够维持较高的叶绿素含量，并促进栅栏细胞变大，层数增加，提高光合速率的同时利于光合产物的运输。第四，芸苔素内酯能够促进花粉萌发及花粉管的伸长，增加授粉，促进花果发育。第五，芸苔素内酯能够减少在逆境胁迫下部分转录元件的丢失并加强恢复期间一些转录元件的表达，提高作物抗逆抗病能力并减轻农药药害及化学污染药害，对西草净、丁草胺、甲黄隆、胺苯磺隆、草甘膦等除草剂药害解毒作用明显。

三、应用方向

芸苔素内酯可在作物的全生育期使用。芸苔素内酯用于种子处理，可以增加酶的活性，提高种子活力，对根系（包括根长、根数）和株高有明显的促进作用，施用后作物出苗整齐，叶色深绿，茎基宽，带蘖苗多，白根多；用于营养生长期，具有促进细胞分裂与伸长的双重作用，能提高叶片内叶绿素的含量，增强光合效率，作物具体表现为叶色加深、叶面积增大、叶片肥厚、生长整齐，改善叶用品质；用于生殖生长期，能促进花粉管萌发和伸长，利于植物的受精，从而提高结实率和坐果率。芸苔素内酯还能调节光合产物的分配，促进蛋白质合成，提高含糖量，从而改善作物品质。瓜类作物表现为促进坐果、增加果重，改善品质；大田作物表现为促进灌浆，粒数和粒重增加，增加产量。芸苔素内酯还可用于增强植物的抗逆能力。在低温、干旱和盐碱等逆境下，能够增强作物根系吸水性能，稳定膜系统的结构与功能，维持较高的能量代谢，调节细胞内生理环境，促进正常的生理生化代谢，从而增强作物对不良环境的抗性。同时，可以辅助作物劣势部分良好生长，抗多种病毒、细菌、真菌的为害，增强作物的抗病能力（图2-10）。

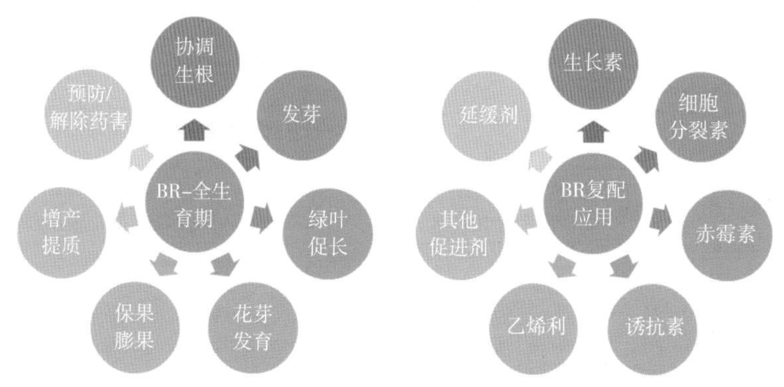

图2-10　芸苔素内酯的主要应用方向

虽然芸苔素内酯的生理作用表现兼具生长素、赤霉素、细胞分裂素、诱抗素的特点，但在生理形态和生理特点上与其他内源激素又有着本质上的不同，因此，在实际生产应用时，也常复配应用，以最大化地发挥生理作用（表2-6）。

表2-6　不同内源激素作用特点

作用	内源激素	生理形态	生理特点	备注
促进细胞伸长	IAA	表皮细胞的伸长	速效，施用到启动只有10～15 min	协同作用
	BR	内部组织细胞壁	迟效、后效，启动需要45 min	
促进节间生长	GA	节间纵向伸长	单一伸长	加成作用
	BR	纵向、横向双重促进	伸长、增粗	
促进细胞分裂	6-BA	叶片细胞扩大	促进细胞质分裂	IAA配合发挥
	BR	细胞伸长扩大生物量积累	RNA聚合酶活性，促进生物量积累	IAA+CTK为基础
促进绿叶	CTK	延缓叶片衰老	延缓叶绿素和蛋白质的降解速度	保绿
	BR	光合作用增强	1, 5-二磷酸核酮糖羧化酶活性	增绿

（续表）

作用	内源激素	生理形态	生理特点	备注
增加抗逆性	ABA、BR	提高抗病、抗逆境反应能力	诱导抗逆基因表达	—
促进授粉	BR	促进花粉萌发、花粉管伸长	促进授粉、坐果	—

第四节　芸苔素内酯的应用技术

一、打破休眠期，促进发芽，提高发芽率

1. 小麦

播种前用0.05～0.1 mg/L的芸苔素内酯溶液浸种24 h，对根系（包括根长、根数）和株高有明显促进作用。分蘖期以此浓度进行叶面处理，能促进分蘖，增加分蘖数。

2. 玉米

播种前用0.01～0.04 mg/L的芸苔素内酯溶液浸种24 h，能增加植株根长、幼苗的根数和根干重。

3. 黄瓜

播种前用0.05 mg/L的芸苔素内酯溶液浸种24 h，可有效提高黄瓜发芽势和发芽率。

4. 油松

播种前用0.05 mg/L的芸苔素内酯溶液浸种提高发芽率和发芽势。

5. 刺槐

播种前用0.1 mg/L的芸苔素内酯溶液浸种提高发芽率和发芽势。

6. 西葫芦

播种前用0.05 mg/L的芸苔素内酯溶液浸种10 h，对幼苗的水肥吸收有极大的促进作用。

二、加速作物营养生长，调节生殖生长，提高产量

1. 小麦

用0.02 ~ 0.03 mg/L的芸苔素内酯溶液在小麦分蘖期、拔节期和灌浆期各喷施1次，穗粒数、穗重、千粒重均有明显增加，可增产增收。

2. 水稻

用0.025 ~ 0.1 mg/L的芸苔素内酯溶液在孕穗期、齐穗期各喷施1次，可促进出穗整齐，穗粒数、穗重增加，增产显著。

3. 玉米

用0.05 ~ 0.2 mg/L的芸苔素内酯溶液在玉米苗高30 cm左右和喇叭口期各喷施1次，能明显促进光合作用，增加营养物质积累，减少玉米穗顶端的败育率，可增产20%左右。

4. 花生

用0.05 ~ 0.2 mg/L的芸苔素内酯溶液在花生苗期、花期和下针期各喷施1次，能明显促进光合作用，增加营养物质积累，促进结果数量，增加单果粒重，促进增产。

5. 大豆

用0.02 ~ 0.04 mg/L的芸苔素内酯溶液在大豆苗期、初花期各施1次，以后每隔7 ~ 10 d施药1次，全期共施药3 ~ 4次，能提高大豆结荚率，增加产量。

6. 棉花

用0.02 ~ 0.04 mg/L的芸苔素内酯溶液在棉花苗期、蕾期、花

期各喷施1次，能显著促进植株健壮，蕾铃生长，增产显著。

7. 番茄

用0.02～0.04 mg/L的芸苔素内酯溶液在苗期、初花期、幼果期各喷施1次，可增强幼苗生长，明显增加番茄单果重量，提高产量。

8. 黄瓜

用0.03～0.05 mg/L的芸苔素内酯溶液在苗期喷施，能够提高幼苗素质，第一雌花节位下降，花期提早，明显提高坐果率。以同样浓度在幼果期、果实膨大期各喷施1次，可加速果实生长，促进增产。

9. 辣椒

用0.03～0.06 mg/L的芸苔素内酯溶液在苗期、旺长期、始花期或幼果期进行茎叶喷雾，能使辣椒植株叶色浓绿，生长速度加快，促进苗期营养生长。

10. 茄子

在茄子苗期和初花期用0.075 mg/L的芸苔素内酯各喷施1次，共两次，可促进果实膨大，增加产量，改善作物品质。

11. 菠菜、油麦菜、芹菜

用0.01～0.02 mg/L的芸苔素内酯溶液在苗期、营养生长期进行叶面喷施，会使叶片浓绿，并加速叶菜生长，提高产量。

12. 油菜

用0.01～0.1 mg/L的芸苔素内酯溶液叶面喷施，促进油菜后期的生长发育，显著增加油菜产量。

13. 白菜

用0.013～0.02 mg/L的芸苔素内酯溶液在苗期、营养生长期各喷施1次，可促进白菜叶肉明显增厚，叶色加深，生长速度

快，可提前团棵，结球质量好，增产显著。

14. 花椰菜

用0.01 mg/L的芸苔素内酯溶液对花椰菜叶面喷洒，花椰菜的生长发育、营养成分均有显著增加。

15. 西瓜、甜瓜

用0.02 ~ 0.04 mg/L的芸苔素内酯溶液在幼果期、果实膨大期各喷施1次，可加速果实生长，促进增产。

16. 枣

用0.02 ~ 0.04 mg/L芸苔素内酯在盛花期及盛花末期喷雾处理，对枣吊坐果率和单株产量的提高有明显效果。

17. 苹果、梨、柑橘、葡萄、荔枝

用0.02 ~ 0.04 mg/L的芸苔素内酯溶液在花蕾期、幼果期、果实膨大期各喷施1次，能显著提高果树的坐果率，促进果实膨大，增加产量。

18. 草莓

用0.05 mg/L的芸苔素内酯溶液在盛花期、花后15 d各叶面喷施1次，能够明显促进草莓的生长和发育，提高草莓的品质。

19. 脐橙

用0.1 mg/L的芸苔素内酯溶液于脐橙开花盛期和第1次生理落果后进行叶面喷施，可促进坐果率增加。

20. 香蕉

用0.02 ~ 0.04 mg/L的芸苔素内酯溶液在香蕉抽蕾期、断蕾期和幼果期各喷施1次，可促进蕉梳生长、蕉梳整齐。

21. 甘蔗

用0.01 ~ 0.04 mg/L的芸苔素内酯溶液在甘蔗伸长期连续进行叶面喷施2次，可使甘蔗叶色浓绿，有效茎、株高、茎径、单茎重、生长速度等各项生理指标均能明显提高，增产、增糖效果显著。

22. 甜菜

在叶丛快速生长期及块根及糖分增长期2次喷施0.1 mg/L芸苔素内酯对产糖量增加效果显著，较对照高13.34%。

23. 油茶

叶面喷施0.02～0.067 mg/L的芸苔素内酯，油茶叶绿素含量增加，产量提高。

24. 烟草

用0.01～0.04 mg/L的芸苔素内酯溶液在烟草团棵期、旺长期各喷施1次，可使烟叶单产增加，烟叶中烟碱含量提高70%。

25. 番红花

用0.01～0.02 mg/L的芸苔素内酯溶液在花期、叶芽萌动期进行叶面喷洒，能明显提高番红花的产量。

26. 山茱萸

用0.1 mg/L的芸苔素内酯溶液在盛花期进行整株喷施，能促进山茱萸果实发育，增加产量。

三、提高作物抗性，解除药害

1. 番茄、黄瓜、西瓜

用0.03～0.05 mg/L的芸苔素内酯溶液在苗期喷施，能够提高幼苗抗夜间7～10℃低温的能力。

2. 茄子

在温度低于17℃时，用0.1 mg/L的芸苔素内酯溶液浸刚开的茄子花，能促进正常结果，提高坐果率。

3. 砂糖橘

在整个生长期用0.04 mg/L的芸苔素内酯喷施3～4次，可以

提高植株的抗逆能力，还可以避免树叶黄化现象。

4. 苦瓜

用0.02 mg/L的芸苔素内酯及含微量元素肥料，可以提高植株对不良自然条件的抗逆能力。

5. 草莓

草莓受多效唑药害后，抑制生长，用0.01～0.02 mg/L的芸苔素内酯溶液喷施1～2次，可减缓药害，恢复生长。

6. 牛膝

在涝害情况下，用0.1 mg/L的芸苔素内酯溶液全株喷施，增强植株体内的SOD、APX和CAT的活性，降低活性氧含量，从而减少膜脂过氧化物的产生，保护细胞膜系统的稳定性，抑制叶绿素的分解，可提高涝害条件下牛膝的光合速率，保证了产量。

7. 玉米

硝磺草酮和烟嘧磺隆分别与0.02 mg/L的芸苔素内酯混用，不仅能提高对杂草的防效，而且能够促进玉米生长。

此外，芸苔素内酯作为种衣剂添加成分，在预防和缓解种衣剂和除草剂药害方面，作用明显。已证实对西草净、丁草胺、甲磺隆、胺苯磺隆、草甘膦等除草剂药害具有解毒作用，对三唑类的抑制生长有较显著的解除作用。

第五节 芸苔素内酯的登记应用与专利

一、国内登记情况

原药登记方面，24-表芸苔素内酯、28-高芸苔素内酯、24-

混表芸苔素内酯、28-表高芸苔素内酯、丙酰芸苔素内酯和14-羟基芸苔素等6个构型的芸苔素内酯原药均已覆盖登记。其中，郑州郑氏化工产品有限公司具有24-表芸苔素内酯和28-高芸苔素内酯双原药登记证件资源（表2-7，图2-11，图2-12）。

表2-7　芸苔素内酯原药登记信息汇总

名称	剂型	登记证号	含量（%）	有效期至	登记证持有人
28-高芸苔素内酯	原药	PD20211121	90	2026-7-1	郑州郑氏化工产品有限公司
		PD20080444	95	2023-3-17	江西威敌生物科技有限公司
24-表芸苔素内酯	原药	PD20132505	90	2027-8-31	浙江世佳科技股份有限公司
		PD20220080	95	2027-4-23	江西鑫邦生化有限公司
		PD20200396	90	2025-6-8	郑州郑氏化工产品有限公司
		PD20100303	95	2025-1-11	四川省兰月科技有限公司
		PD20181352	90	2023-4-17	河南粮保农药有限责任公司
		PD20180483	90	2023-2-8	河北兰升生物科技有限公司
		PD20120102	92	2023-1-14	山东京蓬生物药业股份有限公司
24-混表芸苔素内酯	原药	PD20140267	90	2024-2-11	山东潍坊双星农药有限公司
		PD20070550	92	2022-12-3	江门市大光明农化新会有限公司
28-表高芸苔素内酯	原药	PD20220086	91	2027-4-23	四川润尔科技有限公司
		PD20220069	92	2027-4-23	河北中天邦正生物科技股份公司
		PD20082793	90	2023-12-9	云南云大科技农化有限公司
14-羟基芸苔素甾醇	原药	PD20220010	90	2027-1-17	郑州先利达化工有限公司
	母药	PD20171724	5	2027-8-30	成都新朝阳作物科学股份有限公司
		PD2007028	80	2023-1-14	成都新朝阳作物科学股份有限公司

（续表）

名称	剂型	登记证号	含量（%）	有效期至	登记证持有人
丙酰芸苔素内酯	原药	PD20172952	95	2027-12-19	威海韩孚生化药业有限公司
		PD20096814	95	2024-9-21	日本三菱化学食品株式会社

农 药 登 记 证

登 记 证 号：PD20200396　　总有效成分含量：90%

登记证持有人：郑州郑氏化工产品有限公司　　有效成分及含量：24-表芸苔素内酯/24-epibrassinolide 90%

农 药 名 称：24-表芸苔素内酯

剂　　型：原药

农 药 类 别：植物生长调节剂　　毒　　性：微毒

使用范围和使用方法：

作物/场所	防治对象	用药量（制剂量/亩）	施用方式

备　　注：

首次批准日期：2020年06月09日

有 效 期 至：2025年06月08日

中华人民共和国农业农村部
2020年06月09日

图2-11　郑氏化工90%24-表芸苔素内酯原药登记证

农 药 登 记 证

登 记 证 号：PD20211121　　总有效成分含量：90%

登记证持有人：郑州郑氏化工产品有限公司　　有效成分及含量：28-高芸苔素内酯/28-homobrassinolide 90%

农 药 名 称：28-高芸苔素内酯

剂　　型：原药

农 药 类 别：植物生长调节剂　　毒　　性：低毒

使用范围和使用方法：

作物/场所	防治对象	用药量（制剂量/亩）	施用方式

备　　注：

首次批准日期：2021年07月02日

有 效 期 至：2026年07月01日

中华人民共和国农业农村部
2021年07月02日

图2-12　郑氏化工90%28-高芸苔素内酯原药登记证

制剂方面，24-表芸苔素内酯单剂以可溶液剂剂型为主，复配制剂涵盖了与诱抗素、赤霉酸、胺鲜酯、苄氨基嘌呤、噻苯隆、氨基寡糖素、甲哌鎓、氯化胆碱的复配登记，作用范围主要以促长、膨果、提高肥效和药效等为主（表2-8）；28-高芸苔素内酯单剂涵盖了可溶液剂、可溶粉剂和乳油3种剂型，复配制剂涵盖了与苄氨基嘌呤、赤霉酸、氨基寡糖素、氯化胆碱、吲哚乙酸、噻苯隆的复配登记，作用范围主要以促长、膨果、增产、抗逆等为主（表2-9）；24-混表芸苔素内酯目前仅有可溶液剂单剂登记，作用范围主要以促长、增加肥效为主（表2-9）；28-表高芸苔素内酯单剂以可溶液剂剂型为主，复配制剂涵盖了与赤霉酸、苄氨基嘌呤、多效唑、甲哌鎓、烯效唑、乙烯利等的复配登记，作用范围主要以促长、膨果、增产、提高药效等为主（表2-10）；丙酰芸苔素内酯目前仅有可溶液单剂登记，作用范围主要以促花芽分化、提高光合作用、抗逆等为主；14-羟基芸苔素单剂涵盖了可溶液剂、可溶粉剂两种剂型，复配制剂涵盖了与胺鲜酯、赤霉酸、噻苯隆、烯效唑等的复配登记，作用范围以促长、增产、提高肥效和药效等为主（表2-11）。总体来说，芸苔素内酯的登记越来越趋向于复配制剂，剂型以可溶液剂为主，登记作物和作用范围具有广谱性的特点，复配制剂的出现使植物生长调节剂具有多效性，发展前景也更加广阔（表2-12至表2-14）。

表2-8　24-表芸苔素内酯单剂及混剂登记情况汇总

登记名称	剂型	含量（%）	登记作物	使用技术	产品效果
24-表芸苔素内酯	可溶液剂	0.001 6	苗圃（女贞）	苗期稀释1 000～2 000倍液喷施施用	促长抗逆、提肥效

（续表）

登记名称	剂型	含量（%）	登记作物	使用技术	产品效果
24-表芸苔素内酯	可溶液剂	0.007 5	小白菜	苗期、生长期各施药1次，每季最多施用2次，间隔10 d	提高光合作用、促长
			小麦	分蘖期、拔节期、孕穗期各施药1次，每季最多施用3次	促长、促肥效
			玉米	苗期、小喇叭口期、大喇叭口期各喷施1次	促根系、提高肥料利用率
			花生	苗期、花期、扎针期各喷施1次	促长、提高叶绿素含量、促肥效
			水稻	分蘖期、拔节期、抽穗期各喷施1次	促长、促肥效
		0.004	玉米	6～7片真叶期喷雾处理	促早期发育、增产
			小麦	拔节期、齐穗期各施药1次	壮苗、健苗、促根系、提高肥料利用率
		0.01	柑橘	幼果期、果实膨大期各喷雾用药1次	促根、提高叶绿素含量、促生长
			小麦	拔节期、齐穗期各喷施1次	促根、促长、提高作物叶绿素含量、提高肥料利用率
			水稻	孕穗期、齐穗期各施药1次	
			黄瓜	生长初期或花后结果期用药、间隔15 d左右，可连续施药3次	
			小白菜	苗期、生长期喷施1～2次，最多2次	

（续表）

登记名称	剂型	含量（%）	登记作物	使用技术	产品效果
24-表芸苔素内酯	可溶液剂	0.01	荔枝树	第1～2次生理落果前、幼果期至果实膨大期各喷施1次，间隔7～10 d	增强光合作用、促根促肥效、提高抗逆能力、提高坐果率
			草莓	盛花期和花后1周各喷雾1次	促根、提高叶绿素含量、促肥效
		0.04	辣椒	苗期、旺长期和坐果期各喷雾1次，每季最多使用3次	促根、增强光合作用、提高抗逆能力
	可溶粉剂	0.01	水稻	齐穗期稀释2 000～3 000倍液喷施施用	促进根系发达，增强光合作用、促肥效
	水分散粒剂	0.01	苹果树	谢花后、幼果期、果实膨大期，施药1～3次	促进根系发达，增强光合作用，促肥效
	微囊悬浮剂	0.01	小白菜	苗期喷雾施药2次，间隔1～2周	促进根系及地上部分生长
24-表芸苔素内酯·S-诱抗素	可溶液剂	24-表0.001 S-诱抗素0.249	水稻	分蘖期、破口期各施药1次	增强光合作用、提高肥料利用率、增强抗逆能力
24-表芸·赤霉酸	可溶液剂	24-表0.002 赤霉酸0.398	水稻	孕穗期、齐穗期各喷施1次	促进根系发达，增强光合作用，提高肥料利用率
			豇豆	豆荚生长初期施药，间隔7 d施药1次，连续施药2次	提高坐果率、促进果实生长
		24-表0.004 赤霉酸0.796	豇豆	豆荚生长初期连续喷雾2次，施药间隔期7 d	提高坐果率、促进果实生长

（续表）

登记名称	剂型	含量（%）	登记作物	使用技术	产品效果
24-表芸·赤霉酸	可溶液剂	24-表 0.004 赤霉酸 2.996	枣树	初花期、幼果期、果实膨大期各喷雾施药1次	促进细胞、茎伸长，叶片扩大，果实生长、提高坐果率
		24-表 0.02 赤霉酸 3.98	水稻	孕穗期、齐穗期各喷雾使用1次	早熟丰产
		24-表 0.002 赤霉酸A_{4+7} 0.398	柑橘树	初花期、幼果期、果实膨大期喷雾施药各1次	促进叶片扩大，果实生长，提高坐果率
			葡萄（全株喷施）	幼果期、果实膨大期各喷雾施药1次	促进细胞、茎伸长，叶片扩大，果实生长，减少花果的脱落
			葡萄（果穗喷施）	分别在葡萄谢花后生理落果初期和谢花后15 d（果粒直径10～12 mm），针对葡萄果穗喷雾施药1次，共计施药2次	提高坐果率，增大果实，促进果实快速生长发育改善果型
			荔枝树	开花期、幼果期，各均匀喷雾施药1次	保花、壮花、保果、壮果、美果、增产
			枣树	初花期、幼果期、果实膨大期喷雾施药各1次	促进叶片扩大，果实生长，提高坐果率
		24-表 0.05 赤霉酸 19.95	黄瓜	苗期、初花期、幼果期各喷雾使用1次	促进幼苗生长、保花保果、促进果实生长
			苹果树	花蕾期、幼果期、果实膨大期各喷雾使用1次	保花保果、促进果实生长
			柑橘树	花蕾期、幼果期、果实膨大期各喷雾使用1次	

（续表）

登记名称	剂型	含量（%）	登记作物	使用技术	产品效果
24-表芸·赤霉酸	可溶粒剂	24-表 0.01 赤霉酸 A_{4+7} 1.49	苹果树	幼果期和膨大期各施药1次	促进果实生长，减少花果的脱落
	可溶粉剂	24-表 0.05 赤霉酸 0.13	水稻	分蘖初期、破口期分别叶面喷雾	打破休眠、促进生根和发芽、活化细胞、调节生长
	水分散粒剂	24-表 0.01 赤霉酸 A_{4+7} 1.5	苹果树	花期、幼果期、果实膨大期各施药1次，共施药3次	叶片扩大，果实生长，减少花果的脱落
24-表芸·胺鲜酯	可溶液剂	24-表 0.006 胺鲜酯 1.994	小白菜	5～6叶期（约播种后20 d）进行第1次施药，7 d后进行第2次施药	提高光合速率、促肥效、促生长
	可溶粒剂	24-表 0.001 胺鲜酯 4.999	大白菜	莲座期施药，施药间隔期11～17 d	增强抗逆性、早熟丰产
24-表芸·嘌呤	可溶液剂	24-表 0.01 苄氨基嘌呤1.99	西瓜	苗期、幼果期各茎、叶喷雾施药1次	促进作物生长，提高坐果率，增产
	水分散粒剂	24-表 0.005 苄氨基嘌呤 4.995	苹果树	花期、幼果期及果实膨大期各喷施用药1次	提高坐果率，促进果实肥大

（续表）

登记名称	剂型	含量（%）	登记作物	使用技术	产品效果
24-表芸·嘌呤	水分散粒剂	24-表 0.01 苄氨基嘌呤1.99	苹果树	花期、幼果期及果实膨大期各喷施用药1次	促进花芽分化，果实膨大，促进着色，增产
			金橘树	金橘谢花后5～7 d，施药2次，施药间隔期10～15 d	提高坐果率，促进果实肥大
	悬浮剂	24-表 0.01 苄氨基嘌呤1.99	西瓜	苗期、幼果期各茎叶喷雾1次，共施药2次	促进作物生长，提高坐果率，增加产量
24-表芸·噻苯隆	可溶液剂	24-表 0.01 噻苯隆 0.49	芒果树	果实膨大期喷雾施药2次，间隔7～10 d	改善品质，提高产量
			葡萄树	花期施药1次	促进果实生长发育、改进品质、提高产量
24-表芸·寡糖	可溶液剂	24-表 0.003 氨基寡糖素 5.997	芒果树	盛花期、幼果期分别喷雾1次	保花保果、改善品质、提高产量
24-表芸·甲哌鎓	可溶液剂	24表 0.002 甲哌鎓 22.998	棉花	初花期和盛花期各喷雾施药1次，重点喷棉花中上部叶片正面	促根壮苗、果实增重、品质提高
24-表芸·氯化胆	可溶液剂	24-表 0.002 氯化胆碱59.998	花生	始见花蕾期、下针期喷雾施药各1次	增强植物光合作用，促进根系发达，提高肥料利用率

注：24-表芸苔素内酯简称为24-表；28-高芸苔薹内酯简称为28-高。

表2-9　28-高芸苔素内酯单剂及混剂登记情况汇总

登记名称	剂型	含量（%）	登记作物	使用技术	产品效果
28-高芸苔素内酯	可溶液剂	0.004	水稻	苗期、生长期喷雾施用	促进根系发达，增强光合作用，提高肥料利用率
			菜心	生长苗期和莲座期分别进行茎叶喷雾1次	促进植物细胞分裂和延长，促进根系发达，增强光合作用，提高肥料利用率
			白菜	苗期、生长期喷雾施用	
		0.01	柑橘树	初花期、幼果期、果实膨大期喷雾施药各1次	促进果实生长，减少花果脱落
			白菜	苗期、生长期喷雾施用	促进根系发达，增强光合作用，提高肥料利用率
			葡萄	花蕾期、幼果期、果实膨大期喷雾施药各1次	促进果实生长，减少花果脱落
			小麦	拔节期、齐穗期、孕穗期和灌浆期各喷雾施药1次	促进茎伸长、果实生长，减少花果的脱落、促进光合作用，提高植物的抗逆性
			黄瓜	初花期、幼果期喷雾施药各1次	促进根系发达，增强光合作用，促进作物对肥料的有效吸收
			小白菜	苗期第1次施药，间隔7 d第2次施药	促进光合作用，提高植物的抗逆性
			烟草	苗期、团棵期、旺长期各施药1次，共3次	促进根系发达，增强光合作用
			辣椒	苗期、旺长期、始花期或幼果期各施药1次，共3次	

（续表）

登记名称	剂型	含量（%）	登记作物	使用技术	产品效果
28-高芸苔素内酯	可溶粉剂	0.000 2	小白菜	旺长期喷雾施药2次，间隔7～10 d	促进根系发达，增强光合作用
	乳油	0.01	小麦	苗期、生长期喷雾施用	促进根系发达，增强光合作用
			小白菜	苗期、生长期喷雾施用	
28-高芸·苄嘌呤	可溶液剂	28-高0.01 苄氨基嘌呤1.99	柑橘树	谢花2/3左右、幼果期、果实膨大期，分别均匀喷雾1次	促进根系发达，增强光合作用、促进花芽分化，加速生长和发育，强化植株，壮果膨果
		28-高0.005 苄氨基嘌呤4.995	柑橘树	花蕾期、幼果期、果实膨大期各喷雾施药1次	提高坐果率，促进果实肥大
28-高芸·赤霉酸	可溶液剂	28-高0.003 赤霉酸A_{4+7} 0.497	黄瓜	苗期、花蕾期及幼果期各喷雾施药1次	促进茎伸长、果实生长，减少花果的脱落
28-高芸·寡糖	可溶液剂	28-高0.005 氨基寡糖素5.995	番茄	苗期、初花期和幼果期茎叶喷雾施药，共计施药3次	保花保果
28-高芸·氯化胆	可溶液剂	28-高0.005 氯化胆碱49.995	马铃薯	始花期第一次施药，间隔10～15 d后再喷施1次，共施药2次	促进根系发达，增强光合作用、提高肥料利用率、制造更多的营养物质向块根块茎输送
28-高芸·吲哚乙	可溶液剂	28-高0.005 吲哚乙酸0.005	葡萄	花蕾期、幼果期、果实膨大期喷雾施药各1次	保花保果、促进果实生长
赤霉酸·28-高芸苔素内酯	可溶液剂	28-高0.002 赤霉酸0.398	辣椒	花期和幼果期各施药1次	促进植物根系发达，增强光合作用、提高抗逆性

（续表）

登记名称	剂型	含量（%）	登记作物	使用技术	产品效果
赤霉酸·28-高芸苔素内酯	可溶液剂	28-高0.002 赤霉酸1.998	葡萄	幼果横茎10～12 mm时兑水浸果穗，施药1次	促进茎伸长、果实生长，减少花果的脱落
	水分散粒剂	28-高0.002 赤霉酸2.998	柑橘树	花蕾期、幼果期、果实膨大期各喷雾1次，每季最多喷施3次	促进茎伸长、果实生长，减少花果的脱落
28-高芸·噻苯隆	可溶液剂	28-高0.01 噻苯隆0.15	小麦	孕穗期、灌浆期各施药1次	促进小麦生长发育、改进品质、提高产量

表2-10　28-表高芸苔素内酯单剂及混剂登记情况汇总

登记名称	剂型	含量（%）	登记作物	使用技术	产品效果
28-表高芸苔素内酯	可溶液剂	0.001 6	小麦	分蘖期、拔节期、抽穗期，茎叶喷雾	促进根系发达，增强光合作用
			水稻	分蘖期、拔节期、抽穗期，茎叶喷雾	
			苹果树	初花期、幼果期、膨大期，喷雾，共3次	
			荔枝树	初花期、幼果期、膨大期，喷雾，共3次	
			柑橘树	初花期、幼果期、膨大期，喷雾，共3次	
			梨树	初花期、幼果期、膨大期，喷雾，共3次	
			油菜	苗期、花期、抽薹期，茎叶喷雾	

（续表）

登记名称	剂型	含量（%）	登记作物	使用技术	产品效果
28-表高芸苔素内酯	可溶液剂	0.001 6	大豆	苗期、花期、抽薹期，茎叶喷雾	促进根系发达，增强光合作用
			大白菜	苗期、旺长期，茎叶喷雾	
			棉花	苗期、蕾期、初花期，茎叶喷雾，共3次	
			黄瓜	苗期、花蕾期、幼果期，茎叶喷雾	
			番茄	苗期、花蕾期、幼果期，茎叶喷雾	
			烟草	苗期、团棵期、旺长期，茎叶喷雾	
		0.004	黄瓜	苗期、花蕾期、幼果期各施药1次	促进根系发育，增强光合作用，促进对肥料的有效吸收，提高抗逆能力
			番茄	苗期、花蕾期和幼果期施药，各施药1次，共计3次	
			水稻	分蘖期、拔节期、抽穗期各施药1次，共施药3次	
		0.01	小麦	孕穗期、扬花期喷雾施药各1次	促进根系发达，壮苗健苗；提高叶绿素含量，增强光合作用；提高肥料利用率
			小白菜	苗期喷雾施药1次，间隔1～2周再喷施1次	促进根系发达，增强光合作用，提高作物叶绿素含量
			花生	花期和扎针期喷雾施药	促进光合作用，提高植物的抗逆性

（续表）

登记名称	剂型	含量（%）	登记作物	使用技术	产品效果
28-表芸·苄嘌呤	可溶液剂	28-表高0.004 苄氨基嘌呤1.996	玉米	苗期和大喇叭口期，分别喷雾施药1次	加速生长和发育，强化植株，壮苗膨果
28-表芸·赤霉酸	可溶液剂	28-表高0.002 赤霉酸A_{4+7} 0.398	柑橘树	初花期、幼果期各施药1次，幼果期应重点喷洒果面	促进果实膨大
			龙眼树	初花期、幼果期各施药1次，幼果期应重点喷洒果面	
			荔枝树	初花期、幼果期各施药1次，幼果期应重点喷洒果面	
28-表芸·多效唑	可湿性粉剂	28-表高0.002 多效唑14.998	花生	盛花末期喷雾施药1次	控制植株徒长、促进根系发达
28-表芸·甲哌鎓	可溶液剂	28-表高0.002 甲哌鎓22.498	棉花	花蕾期、初花期各施药1次，共喷施2次	控制徒长、促进多结蕾铃，减少蕾铃脱落
28-表芸·烯效唑	可溶液剂	28-表高0.001 烯效唑0.75	水稻	每10 mL兑水7.5～10kg，浸7.5～10kg种子，浸24～48 h，每隔12 h搅拌1次	促根壮苗、提高成穗率和结实率
			小麦	每10 mL兑水5～7.5kg，浸50～75kg种子	
28-表芸·乙烯利	可溶液剂	28-表高0.000 4 乙烯利29.999 6	玉米	6～12叶期，喷雾施药	促进根系发达，增强光合作用，促进植株矮化

（续表）

登记名称	剂型	含量（%）	登记作物	使用技术	产品效果
28-表高芸·赤·吲乙	种子处理可分散粉剂	28-表高0.000 31 赤霉酸0.135 吲哚乙酸0.000 52	水稻	500～1 000倍稀释液浸种，晾晒至药膜固化后再播种	打破种子休眠；促进种子生根和发芽、活化细胞、增加作物产量和改善品质

表2-11　14-羟基芸苔素甾醇单剂及混剂登记情况汇总

登记名称	剂型	含量（%）	登记作物	使用技术	产品效果
14-羟基芸苔素甾醇	可溶液剂	0.007 5	柑橘树	幼果期和果实膨大期各喷雾用药1次	促进植物生长，提高结实率，增加产量、改善品质、抗逆
			小白菜	苗期和莲座期各喷雾用药1次	
			小麦	苗期和扬花期各喷1次	促进作物根系发达，增强光合作用
			水稻	分蘖期、孕穗期、灌浆期施药	促进植物生长，增加千粒重
		0.004	水稻	分蘖期、孕穗期、灌浆期使用	促进根系发达，增强光合作用、提高肥料利用率
			小白菜	苗期及生长期叶面均匀喷雾	
		0.01	黄瓜	苗期、花期期各喷施1次	促进作物根系发达，增强光合作用、促进作物生长、达到丰产的效果
			葡萄	花蕾期、幼果期和果实膨大期各喷施1次	提高光和效率，增加作物产量，改善作物品质

（续表）

登记名称	剂型	含量（%）	登记作物	使用技术	产品效果
14-羟基芸苔素甾醇	可溶液剂	0.01	水稻	分蘖拔节期、抽穗期、灌浆期各喷雾1次	促进植物根系发达，增强光合作用，促进作物新陈代谢与对肥料的有效吸收
			小麦	分蘖期、孕穗期、灌浆期喷雾施药各1次	促进根系发达，增强光合作用，提高作物叶绿素含量
		0.04	辣椒	盛花期和花后1周各喷雾施药1次	提高抗逆能力
	可溶粉剂	0.01	水稻	齐穗期喷雾施药1次	促进植物生长、增加千粒重、提高产量
14-羟芸·胺鲜酯	可溶液剂	胺鲜酯1.09 14-羟基0.01	小白菜	苗期喷雾施药1次，间隔1～2周再喷施1次	促进植物根系发达
		胺鲜酯7.99 14-羟基0.01	小白菜	苗期（3～4叶）和生长期（7～8叶）各施药1次，2次喷药间隔时间为1周以上	促进根系、增产
		胺鲜酯1.996 14-羟基0.004	小白菜	苗期、生长期各喷雾施药1次，施药间隔7～15 d	促进根系发达，增强光合作用
14-羟芸·赤霉酸	可溶粒剂	赤霉酸39.998 14-羟基0.002	水稻	抽穗始期和抽穗盛期各施药1次	增加千粒重、增产
			柑橘树	初花期、幼果期和果实膨大期各施药1次	提高坐果率、促进果实膨大

（续表）

登记名称	剂型	含量（%）	登记作物	使用技术	产品效果
14-羟芸·噻苯隆	可溶液剂	噻苯隆0.15 14-羟基0.01	玉米	小喇叭口期和抽雄初期各施药1次	延缓植物衰老，增强抗逆性，促进植物光合作用；提高作物产量，改善产物品质
			水稻	分蘖初期和孕穗抽穗期各施药1次	
			小麦	分蘖期、孕穗抽穗期喷雾施药各1次	
14-羟芸·烯效唑	悬浮剂	烯效唑2.997 14-羟基0.003	棉花	初花期、打顶后各施药1次	促进根系发育、控制植株营养生长、多结蕾铃、少脱落
			柑橘树	花芽分化期和花芽萌动期各施药1次	花芽分化和果实的生长
		烯效唑4.997 14-羟基0.003	棉花	初花期、打顶后各施药1次	促进根系发育、控制营养生长、促进花芽分化和果实的生长，多结蕾铃，少脱落
14-羟芸·赤·吲乙	可湿性粉剂	赤霉酸0.135 吲哚乙酸0.000 52 14-羟基0.000 31	玉米	75～100倍稀释液中浸种，晾晒至药膜固化后播种	打破种子休眠；促进生根和发芽、活化细胞、增加作物产量、改善果实品质
吲丁·14-羟芸	可溶液剂	吲哚丁酸2.498 14-羟基0.002	柑橘树	初花期、幼果期和果实膨大期喷雾用药	提高坐果率、促进果实膨大

表2-12　丙酰芸苔素内酯单剂及混剂登记情况汇总

登记名称	剂型	含量（%）	登记作物	使用技术	产品效果
丙酰芸苔素内酯	可溶液剂	0.003	黄瓜	开花前7 d和开花后7 d各喷雾施药1次，每季作物最多施药2次	促进花芽分化，提高光合作用效率，增加作物产量，改善作物品质、提高抗逆能力
			葡萄	开花前1周，开花后2周，兑水各喷药1次	
			烟草	移栽缓苗后兑水喷1次药，隔2周喷第2次	
			柑橘树	于谢花2/3时兑水施药1次，隔2周后进行第2次施药	
			辣椒	现蕾期开始兑水喷雾，隔1～2周后进行第2次施药	
			水稻	孕穗至破口期开始兑水喷雾，间隔10 d后进行第2次施药	
			小麦	拔节返青期开始兑水喷雾，间隔7～10 d后施药，每季施药3次	促进细胞生长和分裂，促进花芽分化，提高光合效率，改善作物品质、提高作物抵抗力
			花生	初花落针期兑水施药，间隔10 d后进行第2次施药	
			棉花	初花期兑水喷雾，间隔10 d后施药，每季施药2次	
			芒果树	谢花2/3时兑水喷雾，间隔10～15 d再施药，共施药3次	
			玫瑰	大苗期兑水喷雾，间隔10 d施药1次，连续施药3次	
			枣树	初花期至结果期兑水施药，间隔10 d施药1次，共计施药3次	
		0.004	葡萄	开花前7 d、开花后7 d，各喷雾施药1次，共施药2次	

表2-13　24-表芸·三表芸单剂及混剂登记情况汇总

登记名称	剂型	含量（%）	登记作物	使用技术	产品效果
24-表芸·三表芸	可溶液剂	0.007 5	葡萄	开花前7 d、幼果期和膨大期各施药1次	促使根系发达，增强光合作用，提高肥料利用率
			小麦	拔节期和齐穗期各施药1次	
			黄瓜	移植后、初花期、结果期各施药1次	
		0.01	小麦	扬花期和齐穗期各喷药1次	
			小白菜	苗期和莲座期各喷药1次	
			棉花	苗期、初花期、盛花期各喷药1次	
			水稻	3 500～5 000倍稀释液浸种、孕穗期、齐穗期各喷施1次喷雾	
			玉米	700～1 000倍稀释液浸种及喷雾	
			柑橘树	花蕾期、幼果期、果实膨大期各喷施1次	
			马铃薯	花期、扎针期各喷药1次	
			香蕉	抽蕾期、断蕾期和幼果期各喷施1次	
			花生	苗期、花期和扎针期各喷施1次	
			烟草	团棵期、旺长期各喷施1次	
			番茄	苗期、初花期、幼果期各喷施1次	
			大豆	苗期、初花期各施1次，以后每隔7～10 d施药1次，全期共施药3～4次	

表2-14 芸苔素内酯（未注明构型）单剂及混剂登记情况汇总

登记名称	剂型	含量（%）	登记作物	使用技术	产品效果
芸苔素内酯	可溶液剂	0.001 6	小麦	拔节期、抽穗期和灌浆期各施药1次	促使根系发达，增强光合作用，提高肥料利用率，增强作物抗逆能力
		0.004	玉米	喇叭口期，对植株全株均匀喷雾1次性施药	
			白菜	生长期喷药2～3次，间隔10～15 d	
		0.01	小麦	拔节期和齐穗期各喷1次/抽穗扬花期、灌浆期各喷施1次	
			黄瓜	苗期、初花期、幼果期各喷施1次	
			水稻	孕穗期、齐穗期各喷施1次	
			玉米	苗期、喇叭口期各喷施1次	
			棉花	苗期、蕾铃期、盖顶期各喷施1次	
			大豆	苗期、初花期各喷施1次	
			烟草	团棵期、旺长期各喷施1次	
			向日葵	苗期、始花期、盛花期各喷施1次	
			芝麻	苗期、始花期、结实期各喷施1次	
			甘蔗	苗期、分蘖期、抽节期各喷施1次	
			柑橘树	花蕾期、幼果期、果实膨大期各喷施1次	提过坐果率、促进果实膨大
			葡萄	花蕾期、幼果期、果实膨大期各喷施1次	
			荔枝树	花蕾期、幼果期、果实膨大期各喷施1次	

（续表）

登记名称	剂型	含量（%）	登记作物	使用技术	产品效果
芸苔素内酯	可溶液剂	0.01	番茄	苗期、初花期、幼果期各1次	提过坐果率、促进果实膨大
			香蕉	抽蕾期、断蕾期和幼果期各喷施1次	
			枣树	初花期、幼果期、果实膨大期各喷施1次	
			辣椒	苗期、旺长期、始花期、幼果期各喷施1次	
			苹果树	现蕾期、幼果期、果实膨大期各喷施1次	
			西瓜	苗期、花期、果实膨大期各喷施1次	
		0.04	辣椒	苗期、旺长期、始花期或幼果期，进行茎叶喷雾	提高抗逆能力
	乳油	0.01	冬小麦	苗期、生长期喷雾施用	促进根系发达，增强光合作用、提高肥料利用率
			水稻	齐穗期、灌浆期分别施药2次	
			小麦	全生育期都可使用，施药间隔期为7～10 d	促进返青拔节、扬花授粉，减轻药害
			小白菜	苗期均匀喷雾叶面，可持续使用2次，间隔7～10 d	促根壮苗
			棉花	苗期、初花期和盛花期喷雾施用	促花壮果，提高坐果率
		0.15	大豆	初花期至结荚期喷雾施用，间隔7～10 d，每季可施用4～5次	促进植物根、芽、花、果生长发育；提高抗逆能力；恢复、减轻农药药害症状
			水稻	苗期至抽穗初期喷雾施用，间隔7～10 d，每季可施用4～5次	

（续表）

登记名称	剂型	含量（%）	登记作物	使用技术	产品效果
芸苔素内酯	水分散粒剂	0.1	苹果树	果实膨大期均匀喷雾叶片、果实	促进根系发达，增强光合作用、促进果实膨大
赤·吲乙·芸苔	可湿性粉剂	赤霉酸 0.135 芸苔素内酯 0.000 31 吲哚乙酸 0.000 52	茶叶	芽苞萌发初期第1次叶面喷雾，间隔15～20 d第2次叶面喷雾	促进生根和发芽、活化细胞 促进生根、活化细胞
			黄瓜	苗期或移栽定植后第1次叶面喷雾，间隔15 d或开花期5～7 d第2次叶面喷雾	
			小麦	浸种或2～6叶期第1次叶面喷雾，拔节期后第2次叶面喷雾	
			苹果	萌芽前、开花后分别进行茎叶喷雾处理	
			水稻	分蘖初期第1次叶面喷施，破口期第2次叶面喷雾	
			烟草	移栽后7～10 d第1次叶面喷雾，团棵期第2次叶面喷雾，旺长期第3次叶面喷雾	

二、国外登记情况

芸苔素内酯已在美国、加拿大和日本登记应用。其中，美国和加拿大登记有24-表芸苔素内酯和28-高芸苔素内酯两种构型产品，日本则以丙酰芸苔素内酯为主。登记作物也涉及粮食作物、经济作物、果树、蔬菜等多种作物（表2-15）。

表2-15　芸苔素内酯在国外的登记应用

国家	登记名称	含量（%）	剂型	作物
美国	28-高芸苔素内酯	80	TC	—
		1	SL	马铃薯、红薯、山药、甜菜、洋葱、芹菜、生菜、大黄、菠菜、卷心菜、豌豆、咖啡豆、番茄、茄子、胡椒、秋葵、哈密瓜、黄瓜、南瓜、西瓜、橙子、柚子、柠檬、甜橙、苹果、梨、樱桃、桃、李、杏、油桃、香蕉、草莓、蓝莓、葡萄、杏仁、胡桃、大麦、荞麦、玉米、燕麦、小麦、甘蔗、水稻、黑麦、苜蓿、花生、油菜、黄豆、向日葵、棉花、石榴、茶树
		0.1	SL	
	24-表芸苔素内酯	0.01	SL	
日本	丙酰芸苔素内酯	95	TC	—
		0.003	AS	葡萄、黄瓜

三、芸苔素内酯相关应用专利（表2-16）

表2-16　芸苔素内酯相关应用专利

公开（公告）号	标题	摘要	当前申请(专利权)人
CN113367150A	一种调节植物生长的组合物及其制备方法与应用	冠菌素和芸苔素内酯	中国农业大学
CN113170798A	一种防治南方地区红阳猕猴桃斑点早期落叶病的复合诱抗剂及制备方法和应用	氨基寡糖素、芸苔素内酯、硫黄粉、白刺花水提液	贵州省山地资源研究所
CN112913863A	一种青花椒控梢处理剂及控梢处理方法	烯效唑、芸苔素内酯和磷酸二氢钾	四川省农业科学院植物保护研究所｜四川骄丰农业科技有限公司

（续表）

公开（公告）号	标题	摘要	当前申请（专利权）人
CN112369420A	一种除草组合物及其应用	氰氟草酯和特丁津及芸苔素内酯、双苯噁唑酸、环丙磺酰胺、解毒剂T、二氯丙烯胺和吡唑解草酯	河北省农林科学院粮油作物研究所
CN111574492A	抗烟草花叶病毒的化合物、制备方法及其用途及含有该化合物的烟草花叶病毒抑制剂	翅荚决明的枝叶提取物、芸苔素内酯、氨基寡糖素	云南民族大学
CN111466387A	一种用于提高结实率的营养液、其制备方法及应用	芸苔素内酯、胺鲜酯、吲哚乙酸、萘乙酸、氯吡苯脲	邯郸市农业科学院
CN111567398A	一种锦葵科作物远缘杂交的方法	芸苔素内酯、胺鲜酯、吲哚乙酸、萘乙酸、氯吡苯脲	邯郸市农业科学院
CN111567529A	一种含芸苔素内酯、吡草醚的植物生长调节剂组合物及应用	芸苔素内酯、吡草醚	江西鑫邦生化有限公司
CN111406753A	一种防治花生条纹病毒病的药物组合物及应用	芸苔素内酯和宁南霉素	山东省花生研究所
CN111512887A	一种利用生长调节组合物制剂的茯苓种植方法	芸苔素内酯与EM菌液	重庆市中药研究院
CN111345307A	一种防治大豆疫霉根腐病的种衣剂	申嗪霉素和苯噻菌胺、复硝酚钠、芸苔素内酯	安徽省农业科学院植物保护与农产品质量安全研究所

（续表）

公开（公告）号	标题	摘要	当前申请(专利权)人
CN110463706A	一种植物生长调节组合物及其应用	抗倒酯和14-羟基芸苔素甾醇	上海明德立达生物科技有限公司 | 允发化工（上海）有限公司
CN110226599A	一种芒果灾害性天气之后实现保产避免绝收的制剂和使用方法	芸苔素内酯、灵发素和精胺、复硝酚钾或复硝酚钠、黄腐酸钾	广西大学
CN110249824A	一种受伤澳洲坚果树修复的方法	细胞分裂素、吲哚乙酸、芸苔素内酯、甲壳素和营养液	广西南亚热带农业科学研究所
CN110352965A	一种包含壳寡糖和芸苔素内酯的农药组合物及用途	壳寡糖和芸苔素内酯	海南正业中农高科股份有限公司
CN110367268A	一种用于柑橘保花保果的调节组合物及其应用	苄氨基嘌呤、赤霉酸和芸苔素内酯	江西新瑞丰生化股份有限公司
CN110200001A	一种包含赤霉素和芸苔素内酯的农药组合物及其用途	赤霉素和芸苔素内酯	海南正业中农高科股份有限公司
CN110199787A	一种同时调控珠芽蓼开花和结珠芽的方法	赤霉素、芸苔素内酯及叶面肥	东莞市东阳光冬虫夏草研发有限公司 | 西藏林芝高原雪都冬虫夏草有限公司
CN109907053A	一种农药组合物及其应用	联苯吡菌胺和芸苔素内酯	河南省农业科学院植物保护研究所
CN109907060A	含二氢卟吩铁的植物生长调节组合物及其作为植物生长调节剂的应用	二氢卟吩铁与芸苔素内酯或赤霉酸	南京百特生物工程有限公司
CN109666591A	提高紫球藻中藻红素含量的方法	芸苔素内酯和生物氮素	杭州园泰生物科技有限公司

（续表）

公开（公告）号	标题	摘要	当前申请(专利权)人
CN109805027A	一种防治小麦全蚀病的种衣剂配方	硅噻菌胺、噻菌灵、水杨酸、芸苔素内酯、赤霉素	安徽省农业科学院植物保护与农产品质量安全研究所
CN108739822A	一种花生田除草剂	噁草酸和乙羧氟草醚、丙酰芸苔素内酯	河北省农林科学院粮油作物研究所
CN108781980A	一种促进苹果树坐果的方法	苄氨赤霉酸、芸苔素内酯、氨基酸微量元素叶面肥	冯海明
CN108752094A	一种复合型白灵菇催蕾剂	芸苔素内酯、磷酸二氢钾和硫酸镁	山西省农业科学院食用菌研究所
CN108419672B	一种剑叶龙血树愈伤组织成苗的方法	噻苯隆、激动素、芸苔素内酯和萘乙酸	长江大学
CN107996405A	湿加松体细胞胚拯救的方法	苄氨基嘌呤、芸苔素内酯、2, 4-D丁酯	广东省林业科学研究院 | 台山市红岭种子园
CN108094207A	湿地松体细胞胚胎发生和植株再生的方法	苄氨基嘌呤、萘乙酸、激动素、脱落酸和芸苔素内酯	广东省林业科学研究院 | 台山市红岭种子园
CN107926348B	一种提高杂交水稻种子活力的活力优化剂及使用方法	微量元素、诱抗素、芸苔素内酯和赤霉素	湖南农业大学
CN107396769A	灵武长枣货架期抗病抗衰老抗酒化保鲜剂及保鲜方法	芸苔素内酯、多效唑、1-甲基环丙烯	大有作为（天津）冷链设备有限公司

（续表）

公开（公告）号	标题	摘要	当前申请(专利权)人
CN107410351A	一种用于葡萄的调节药剂	2，4-二氯苯甲酰氨基环丙酸与芸苔素内酯、胺鲜酯或增产胺	郑州郑氏化工产品有限公司
CN107056484A	一种含增产胺的肥料增效剂及其制备方法与应用	四甲基戊二酸、芸苔素内酯、增产胺或增产胺盐和中微量元素肥	金正大生态工程集团股份有限公司
CN106879585A	木霉菌·芸苔素内酯可湿性粉剂及其制备方法和应用	木霉菌孢子菌丝匀浆、芸苔素内酯	上海交通大学
CN106879604A	一种保花保果剂及其应用	噻唑锌、芸苔素内酯和赤霉酸	浙江新农化工股份有限公司
CN106305726A	一种含有芸苔素内酯的嘧啶酸菌素可湿性粉剂及其制备方法和应用	芸苔素内酯的嘧啶酸菌素	乳山韩威生物科技有限公司
CN106305770A	含有芸苔素内酯类化合物的草甘膦类除草组合物	草甘膦类化合物和芸苔素内酯类化合物	安阳全丰生物科技有限公司
CN106234365A	一种植物生长调节组合物、制剂及其应用	芸苔素内酯与茉莉酸及其衍生物	四川国光农化股份有限公司
CN106172382A	一种适用于氟磺胺草醚钠盐水剂的增效助剂	氟磺胺草醚钠盐、芸苔素内酯	予以撤销

（续表）

公开（公告）号	标题	摘要	当前申请(专利权)人
CN105918316A	一种植物生长调节剂及其制备方法与应用	芸苔素内酯、S-诱抗素、顺丁烯二酸二仲辛酯磺酸钠、枫叶提取物醇溶液	河南曹氏天正生物技术有限公司
CN105875612A	增强水稻抗旱性的植物生长调节剂及其制备方法和应用	精胺、天然芸苔素内酯、苹果酸	中国水稻研究所
CN105961411A	一种防治梨树腐烂病的生物杀菌剂及其生产方法	杀菌活性物质HSAF粗提液、芸苔素内酯	江苏省农业科学院
CN105724564A	一种番茄果实抗低温保鲜剂及其使用方法	芸苔素内酯、水杨酸、赤霉素	中国农业科学院农产品加工研究所
CN105494387A	一种农药组合物	芸苔素内酯或其衍生物，甲氧基丙烯酸酯类杀菌剂	江苏辉丰农化股份有限公司
CN105541465A	一种西瓜防裂剂及其应用	壳寡糖、芸苔素内酯及助剂	金维典 | 高成德
CN105237216A	一种花生控旺药肥可湿性粉剂及花生植株控旺增产方法	调环酸钙、芸苔素内酯、嘧菌酯及肥料	金正大生态工程集团股份有限公司 | 菏泽金正大生态工程有限公司
CN105130689A	一种含硅水稻药肥及其应用	噻呋酰胺、芸苔素内酯、水溶性硅肥	金正大诺泰尔化学有限公司 | 广东金正大生态工程有限公司
CN105052977A	一种植物生长调节组合物及其制剂和应用	N-（2-氟-4-吡啶基）-N'-苯基脲和赤霉酸、噻苯隆、芸苔素内酯和三十烷醇	四川国光农化股份有限公司

（续表）

公开（公告）号	标题	摘要	当前申请（专利权）人
CN105010406A	一种打破三七块根休眠的诱导剂及其制备方法与应用	亚精胺、精胺、寡雄腐霉、硅酸钾、亚硒酸钠、芸苔素内酯、有机锌、肌醇	广西壮族自治区药用植物园
CN104782650A	一种小麦专用悬浮种衣剂	吡虫啉、丙环唑、福美双、芸苔素内酯	河南省农业科学院
CN104770370A	含有2-（乙酰氧基）苯甲酸和芸苔素内酯的农药组合物	2-（乙酰氧基）苯甲酸和芸苔素内酯	徐州快邦生物科技开发有限公司
CN104782628A	一种温室水稻用植物生长调节剂、其制备方法及其应用	调环酸钙和芸苔素内酯	中国水稻研究所
CN104725110B	高山蔬菜多元素复混叶面肥及其使用方法	硫酸镁、硼砂、芸苔素内酯、细胞分裂素、三十烷醇	陶学海
CN104472342A	一种用于猕猴桃喷雾授粉法的授粉液及其制备方法	萘乙酸、蔗糖、硼酸、尿素、葡萄糖、芸苔素内酯	贵州大学
CN104472547B	一种防治蒜薹黄斑病的组合物	吲哚乙酸、黄腐酸钾和芸苔素内酯	山东营养源食品科技有限公司
CN104351252B	一种防治蒜薹黄斑病的组合物及其应用	芸苔素内酯、复硝酚钠、硝普钠	山东营养源食品科技有限公司
CN104430354A	一种具有免疫诱抗作用的生物农药及其应用	氨基寡糖素和芸苔素内酯	海南江河农药化工厂有限公司

（续表）

公开（公告）号	标题	摘要	当前申请(专利权)人
CN104365636B	适宜东北地区的玉米多元复配种衣剂	混灭威、戊唑醇、芸苔素内酯	吉林省农业科学院
CN105613501A	一种植物生长调节剂组合物	丙酰芸苔素内酯、吲哚乙酸以及赤霉酸	江苏龙灯化学有限公司
CN105613500A	一种植物生长调节剂组合物	丙酰芸苔素内酯与复硝酚钠或复硝酚钾	江苏龙灯化学有限公司
CN105685055A	农药组合物及其应用	丙硫菌唑和赤霉酸、复硝酚钠、芸苔素内酯中的一种或几种	四川利尔作物科学有限公司
CN105766934A	农药组合物及其应用	丙硫菌唑和赤霉酸或复硝酚钠或芸苔素内酯	四川利尔作物科学有限公司
CN104206383A	抗植物病毒病组合物及其应用	岩藻糖酯与芸苔素内酯	山东圣鹏科技股份有限公司
CN104206421A	枣树源库通道扩增的方法及专用制剂	DA-6、三十烷醇、氯吡脲、芸苔素内酯及微量元素	新疆农垦科学院
CN104068027A	一种培育水稻多蘖壮秧的浸种剂及其使用方法	烯效唑、芸苔素内酯和S-诱抗素	中国水稻研究所
CN104054707A	一种水稻叶片保绿防冻剂、其使用方法及应用	赤霉素、芸苔素内酯	中国水稻研究所
CN104086309A	一种有机微量元素水溶肥	氯化胆碱、胺鲜酯、芸苔素内酯	邯郸市万惠生物技术有限公司

（续表）

公开（公告）号	标题	摘要	当前申请(专利权)人
CN104025758A	一种辣椒种子催芽方法	芸苔素内酯	徐州千润高效农业发展有限公司
CN103960241B	一种防治十字花科作物根肿病的农药组合物及方法	芸苔素内酯	江西威敌生物科技有限公司
CN104871954A	一种红香椿授粉液及红香椿种子的培育生产方法	丙酰芸苔素内酯及葡聚糖等	卢德莉
CN103651563A	一种含有芸苔素内酯的杀菌杀虫组合物	Imicyafos与芸苔素内酯	江门市大光明农化新会有限公司
CN103749541B	葡萄膨大剂及其制备方法和应用	赤霉酸、芸苔素内酯与钙镁肥	成都新朝阳作物科学股份有限公司
CN103694037A	一种用于苹果树开花期定果药剂的配方及使用方法	赤霉酸、苄氨基嘌呤、芸苔素内酯、氨基酸水溶肥料	运城市信农联合农业科技有限公司
CN103518719A	一种果树生长调节剂药剂组合物及其应用	调环酸钙、复硝酚钠、胺鲜酯、萘乙酸钠、三十烷醇、芸苔素内酯、6-苄氨基腺嘌呤	郑州郑氏化工产品有限公司
CN103333002B	一种茶叶专用肥料组合物及其制备方法	己酸二乙氨基乙醇酯、芸苔素内酯	安徽金色环境治理股份有限公司
CN103936494B	种植铁皮石斛中使用的药剂及其施用方法	芸苔素内酯	湖南崀霞湘斛生物科技有限公司
CN103828828B	一种含极细链格孢激活蛋白的植物生长调节组合物	极细链格孢激活蛋白与苄氨基嘌呤、芸苔素内酯、吲哚乙酸、超敏蛋白、赤霉酸	陕西汤普森生物科技有限公司

（续表）

公开（公告）号	标题	摘要	当前申请(专利权)人
CN102826906B	一种含海藻肥和芸苔素内酯的组合物	海藻肥、芸苔素内酯	广东植物龙生物技术股份有限公司
CN105519527A	一种含三十烷醇的植物生长调节组合物	三十烷醇、苄氨基嘌呤、芸苔素内酯、胺鲜酯、腐植酸	陕西美邦药业集团股份有限公司
CN103250700A	一种含胺鲜酯与芸苔素内酯的植物生长调节组合物	胺鲜酯和芸苔素内酯	陕西美邦药业集团股份有限公司
CN102047883B	一种含香菇多糖和芸苔素内酯的抗植物病毒病组合物及其应用	香菇多糖和芸苔素内酯	山东圣鹏农药有限公司
CN102027949B	一种芸苔素内酯印楝素微胶囊	芸苔素内酯和印楝素	成都绿金高新技术股份有限公司
CN101941869A	一种含芸苔素内酯和磷酸二氢钾的植物生长促进剂组合物及应用	芸苔素内酯和磷酸二氢钾	山东圣鹏科技股份有限公司
CN101836645A	一种含赤霉酸与芸苔素内酯的植物生长调节剂	赤霉酸和芸苔素内酯	陕西亿田丰作物科技有限公司
CN101696374B	啤酒大麦制麦中促进发芽的方法	芸苔素内酯(BR)和6-苄氨基嘌呤(6-BA)及赤霉素(GA)	杨晖
CN101648835B	预防和抑制缩果病的枣树生长调理营养液及其制备方法	赤霉素、芸苔素内酯等营养液	陕西大成作物保护有限公司
CN101341884B	烟作物防病、治病增产剂	对碘苯氧乙酸或苯氧乙酸、高锰酸钾和芸苔素内酯	王拴正

第六节　芸苔素内酯剂型产品配方与工艺实例

芸苔素内酯用量极低，产品开发以单剂可溶液剂为主，混剂则根据配伍成分的化学性质不同开发成水分散粒剂、可溶粒剂、可溶液剂、可湿性粉剂等多种剂型。

一、0.01%24-表芸苔素内酯可溶液剂

1. 产品组成（表2-17）

表2-17　0.01%24-表芸苔素内酯可溶液剂产品组成

配方组成	各物料比例（%）	备注说明
24-表芸苔素内酯原药	0.01（折百）	有效成分
助溶剂	5～10	溶解原药
分散剂	0.5～2	改善产品性状
润湿剂	0.5～2	润湿增效
防冻剂	5～10	防止低温析出
消泡剂	适量	控制泡沫量
去离子水	补足	载体/分散介质

2. 生产操作规程（图2-13）

（1）设备检查及领取原料　首先检查并确认所用的搅拌釜、贮存罐等设备相应阀门都处于关闭状态（确认生产线已清洁）。生产前将各原辅材料运至农药生产车间，进行生产备料。

（2）芸苔素母液制备　将助溶剂抽入母液罐内，开启搅

拌，然后投入24-表芸苔素内酯原药，搅拌20～30 min至完全溶解后加入助剂，继续搅拌5～10 min。

（3）产品配制　将去离子水抽入反应釜内，开启搅拌，将加工好的24-表芸苔素内酯母液抽入反应釜，加入防冻剂搅拌10～20 min至完全混合均匀。

（4）过滤　放料时，过500目滤网，过滤后转移至贮存罐妥善储存，取样检测。

（5）成品包装　按生产要求调整好包装机，将检验合格的母料用提升机送至包装平台，开始装袋或装瓶、封口，并放入包装箱，封箱，成品包装完成。

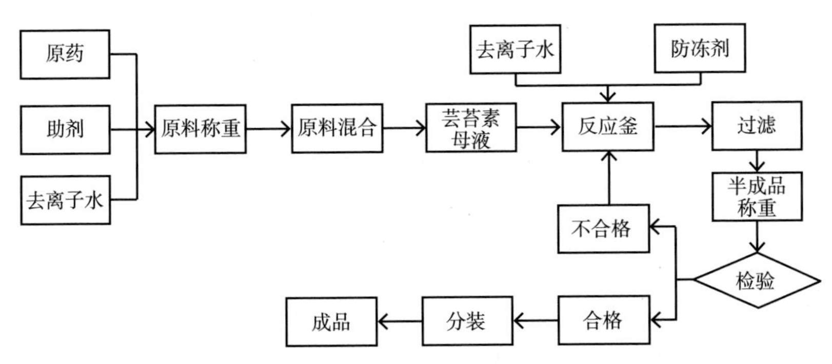

图2-13　0.01%24-表芸苔素内酯可溶液剂生产流程

二、2%24-表芸苔素内酯·赤霉酸水分散粒剂

1. 产品组成（表2-18）

表2-18　2%24-表芸苔素内酯·赤霉酸水分散粒剂产品组成

配方组成	各物料比例（%）	备注说明
24-表芸苔素内酯原药	0.01（折百）	有效成分1
赤霉酸原药	1.99（折百）	有效成分2

（续表）

配方组成	各物料比例（%）	备注说明
分散剂	3～5	改善产品性状
润湿剂	1～3	润湿增效
黏结剂	6	增加成粒速率
消泡剂	适量	控制泡沫量
崩解剂	适量	崩解分散
填料	补足	载体/填料

2. 生产操作规程（图2-14）

（1）设备检查及领取原料　首先检查并确认所用的混合机、贮存罐、造粒机等设备相应阀门都处于关闭状态（确认生产线已清洁）。生产前将各原辅材料运至农药生产车间，进行生产备料。

（2）采用挤压造粒工艺生产　将原药、润湿剂、分散剂、黏结剂和填料等加入锥形混合机中混合60 min，物料通过气流粉碎机将物料气流粉碎至325目以上，粉碎后的物料在锥形混合机中再混合30 min左右；之后将物料加入高速混合机，加水捏合，湿物料通过挤压造粒机造粒，湿颗粒进入流化床干燥机干燥、通过振动筛筛分，半成品称重，取样检测产品各项指标。

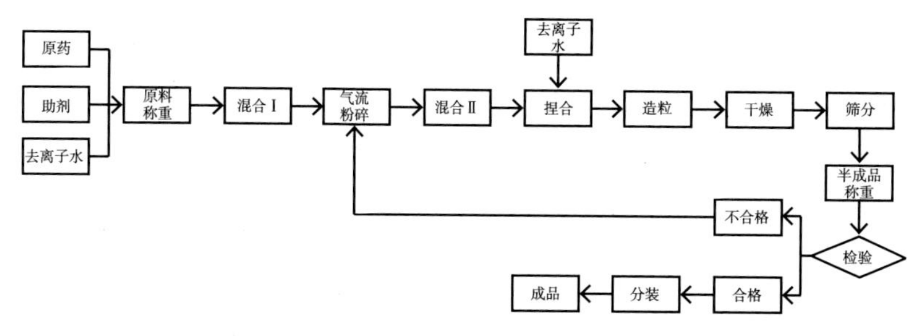

图2-14　2%24-表芸苔素内酯·赤霉酸水分散粒剂生产流程

（3）成品包装　按生产要求调整好包装机，将检验合格的母料放入料车，将料车用提升机送至包装平台，开始装袋或装瓶、封口，并放入包装箱，封箱，成品包装完成。

第七节　芸苔素内酯应用实例展示

一、不同结构芸苔素内酯生物活性对比（菜豆节间法）

作物品种　菜豆。

试验药剂及处理　处理A，羊毛脂；处理B，0.01%28-高芸苔素SL；处理C，0.01%24-表芸苔素SL；处理D，14-羟基芸苔素甾醇；CK，清水。

试验方法　与羊毛脂混合均匀后涂抹茎节间。

调查方法　施药当天及药后5 d测量各处理节间长度。

结论　试验结果显示，用药5 d后测量各处理节间长度，结果显示28-高芸苔素内酯和24-表芸苔素内酯均能明显促进豆角节间的伸长增长，与空白对照和单用羊毛脂处理间存在显著性差异。14-羟基芸苔素甾醇处理与空白对照差异不显著（图2-15至图2-17）。

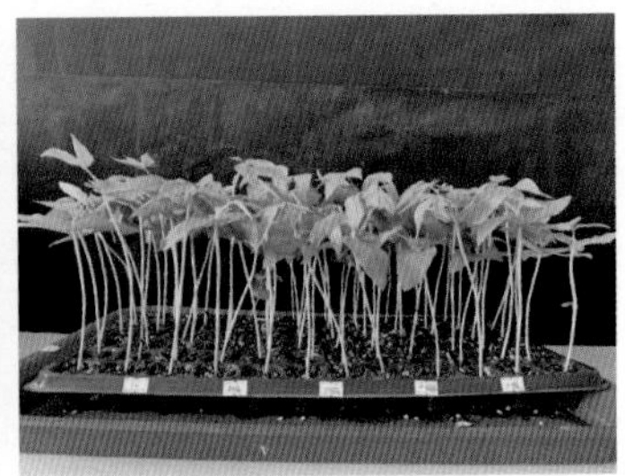

图2-15　试验整体图

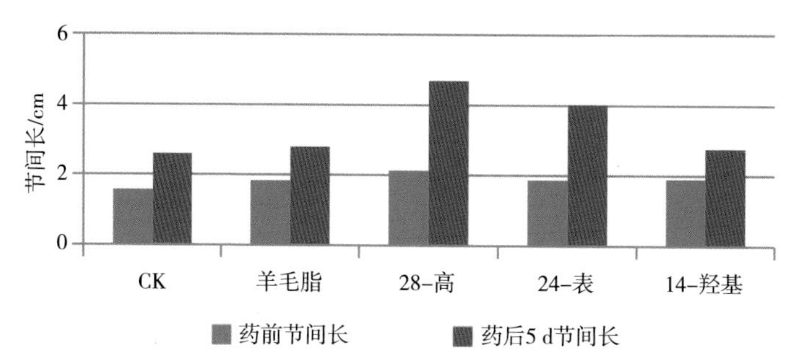

图2-16　不同结构芸苔素处理菜豆节间伸长量

CK、羊毛脂、28-高芸苔素内酯

CK、羊毛脂、24-表芸苔素内酯

CK、羊毛脂、14-羟基芸苔素甾醇

图2-17　不同处理对菜豆的影响

二、不同结构芸苔素内酯生物活性对比试验（萝卜下胚轴伸长法）

试验材料　萝卜下胚轴。

试验药剂及处理　处理A，0.01%28-高芸苔素内酯SL1 000倍液；处理B，竞品；处理C，0.01%24-表芸苔素内酯SL1 000倍液；处理D，0.007 5% 14-羟基芸苔素甾醇AS750倍液；CK，清水。

试验方法　选取培养5 d的萝卜幼苗，剪取长2～3 cm的下胚轴作为试验材料，试验每个处理15个下胚轴，放入100 mL的不同处理药液当中浸泡3 d。

调查方法　测量萝卜下胚轴伸长长度。

结论 不同结构的芸苔素内酯对离体萝卜下胚轴有明显的伸长生长活性（图2-18、图2-19），金运（0.01% 28-高芸苔素内酯SL）1 000倍液对离体萝卜下胚轴伸长生长活性最强，不同处理活性顺序依次为：金运（0.01% 28-高芸苔素内酯SL）1 000倍液>佳运（0.01% 24-表芸苔素内酯SL）1 000倍液>硕丰481（0.007 5% 14-羟基芸苔素甾醇AS）750倍液。

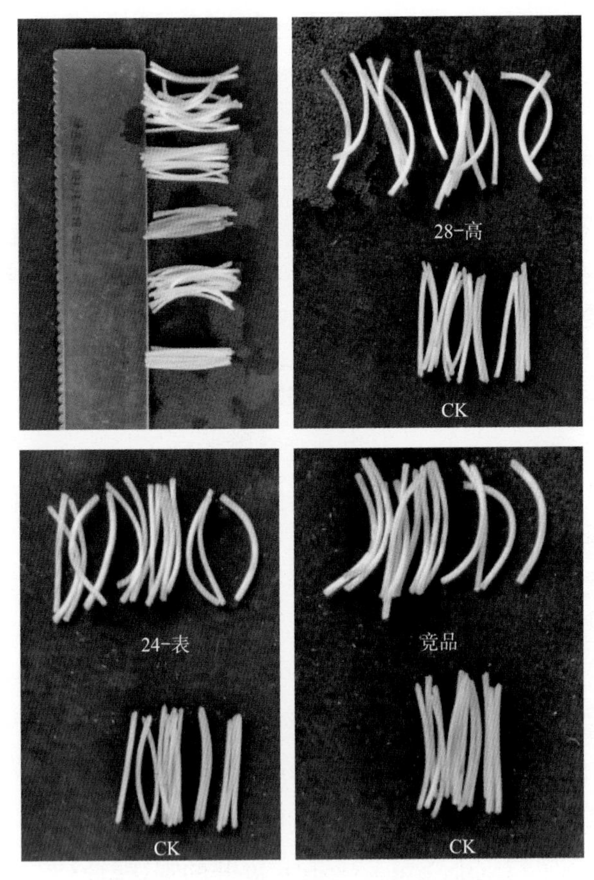

图2-18 不同处理对萝卜下胚轴的影响

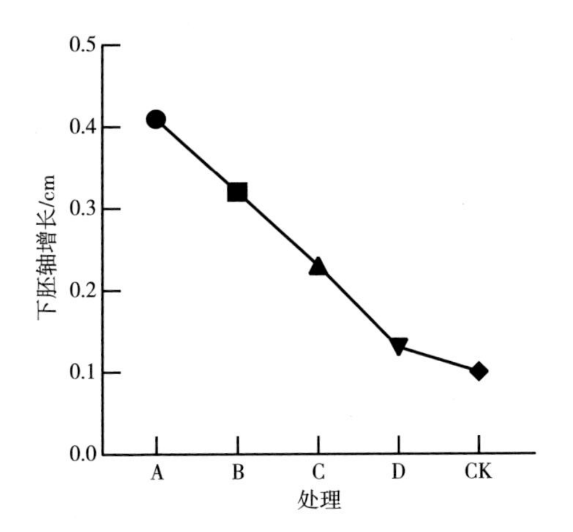

图2-19　不同结构芸苔素内酯对萝卜下胚轴伸长的影响

三、不同结构芸苔素内酯生物活性对比试验（黄化小麦叶片展开法）

作物品种　小麦。

试验药剂及处理　处理A，丙酰芸苔素内酯0.000 5 mg/L（黑暗）；处理B，丙酰芸苔素内酯0.005 mg/L（黑暗）；处理C，丙酰芸苔素内酯0.05 mg/L（黑暗）；处理D，丙酰芸苔素内酯0.5 mg/L（黑暗）；处理E，24-表芸苔素内酯（24-表）0.01 mg/L（黑暗）；处理F，28-高芸苔素内酯（28-高）0.01 mg/L（黑暗）；CK_1，清水（见光）；CK_2，清水（黑暗）。

试验方法　黑暗条件下培育小麦，选取长势一致的植株，去除叶片1.5 cm的叶尖，向下剪取1～3 cm的卷筒状切段备用；将数量一致的切段分别漂浮于各处理培养皿中，继续于黑暗条件下培养。根据处理前后黄化小麦叶片展开的宽度差值，判定其生物活性差异大小（图2-20）。

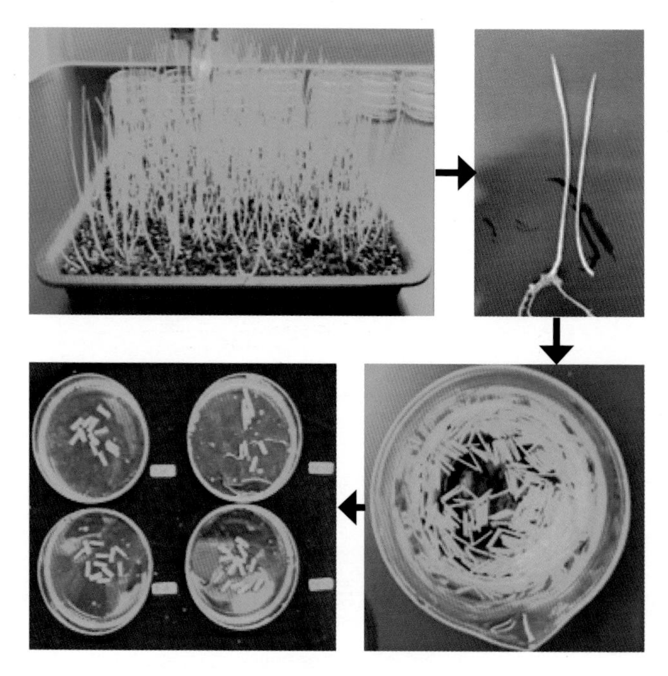

图2-20　试验材料准备

结论　28-高和24-表活性最高、效果最好，促进率分别为214%和200%，基本与光照处理持平（光照处理为229%）；丙酰芸苔素内酯有一定活性，0.000 5 mg/L、0.005 mg/L、0.05 mg/L、0.5 mg/L处理促进率分别为71%、107%、103%、121%，活性不如28-高和24-表（图2-21至图2-23）。

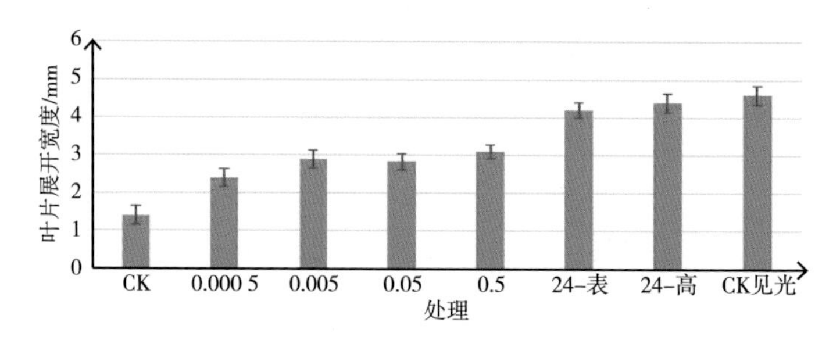

图2-21　不同芸苔素物质处理小麦叶片展开宽度

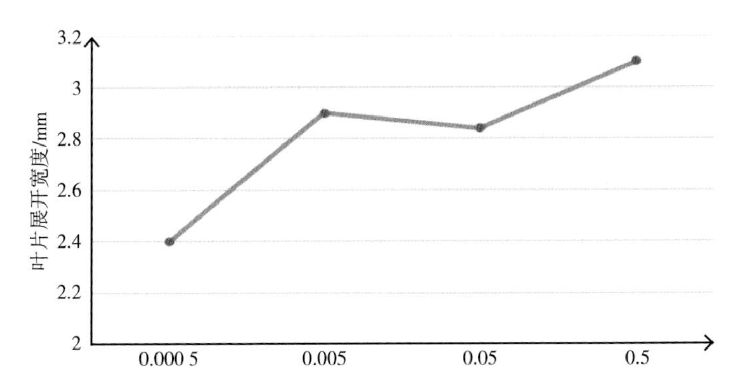

图2-22　不同浓度丙酰芸苔素处理小麦叶片展开宽度

CK与28-高

CK与丙酰芸苔素内酯0.05

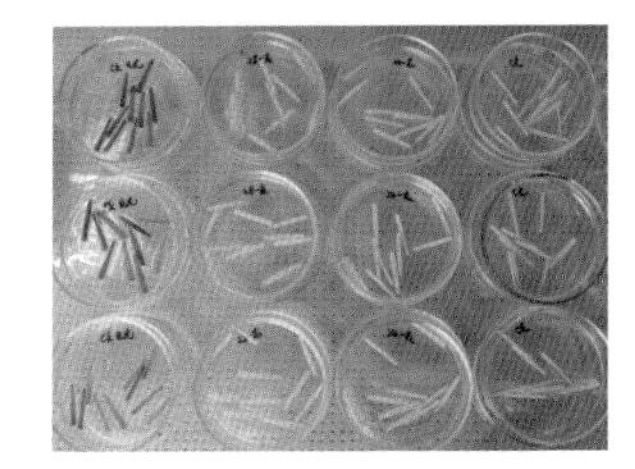

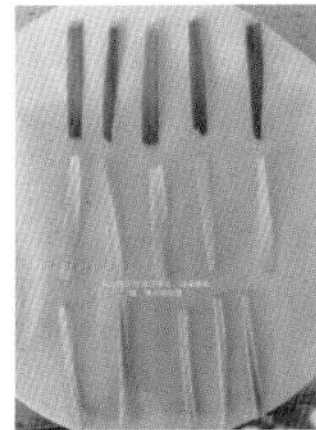

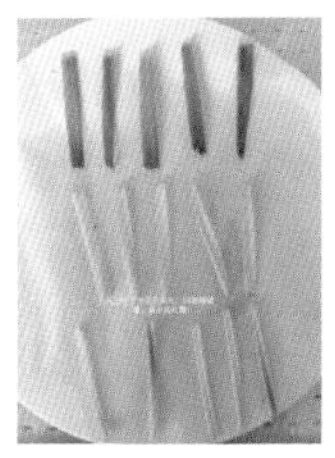

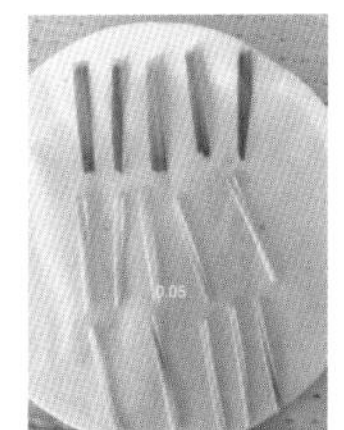

各处理与CK（见光）及CK（黑暗）对比

图2-23　不同处理对小麦的影响

四、不同结构芸苔素内酯在小麦拌种剂中的活性效应

作物品种　小麦。

试验药剂及处理 处理A，7%苯甲·咯·噻虫嗪FS（药种比1∶150）+0.01%28-高芸苔素内酯0.06 mg/L种子；处理B，7%苯甲·咯·噻虫嗪FS（药种比1∶150）+0.01%28-高芸苔素内酯0.03 mg/L种子；处理C，7%苯甲·咯·噻虫嗪FS（药种比1∶150）+0.01%24-表芸苔素内酯0.06 mg/L种子；处理D，7%苯甲·咯·噻虫嗪FS药种比1∶150）+0.01%24-表芸苔素内酯0.03 mg/L种子；处理E，7%苯甲·咯·噻虫嗪FS（药种比1∶150）；CK：清水。

调查方法 调查出苗数（出苗率）、评价幼苗长势。

结论 B处理（100 g7%苯甲·咯·噻虫嗪FS+3.75 mL 0.01%28-高芸苔素内酯+146.25 mL水+15kg小麦）可以促进早出苗，提高出苗率，相比对照组，小麦叶片长势浓绿较好。使用金运和佳运对小麦播种提早出苗和提高出苗率具有促进效果，且对小麦的生物活性28-高芸苔素>24-表芸苔素（图2-24、图2-25）。

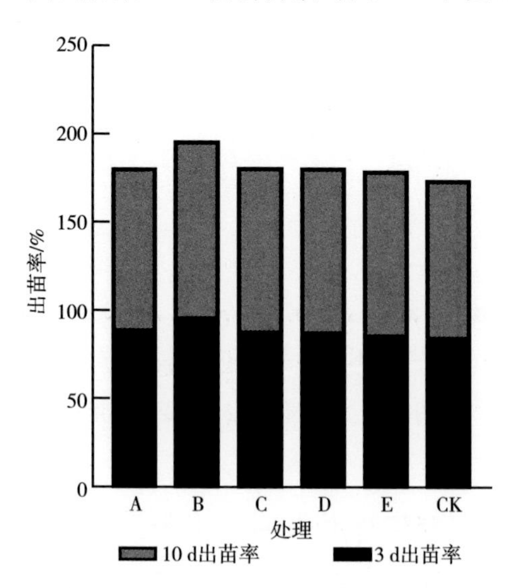

图2-24 芸苔素内酯混配小麦拌种剂对小麦发芽的影响

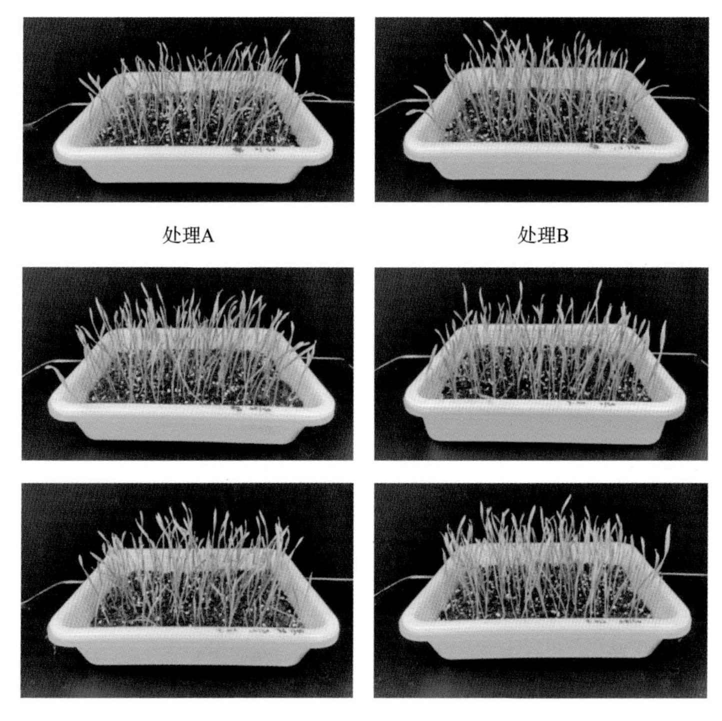

图2-25　不同处理对小麦的影响

五、28-高芸苔素内酯对玉米的促长效果

作物品种　郑单958。

试验药剂及处理　处理A，0.01%28-高芸苔素内酯SL 0.01 mg/L；处理B，0.01%28-高芸苔素内酯SL0.03 mg/L；处理C，0.01%28-高芸苔素内酯SL0.06 mg/L；处理D，竞品0.06 mg/L；CK，清水。

试验方法　浸种12 h处理。

调查方法　观测调查根系数量和长度。

结论　玉米分别用0.03 mg/L、0.06 mg/L 28-高芸苔素内酯

浸种12 h能显著促进主根的伸长，提高玉米幼苗的生长量，促进干物质的积累，28-高芸苔素处理效果优于竞品处理，各浓度均无药害（图2-26、图2-27）。

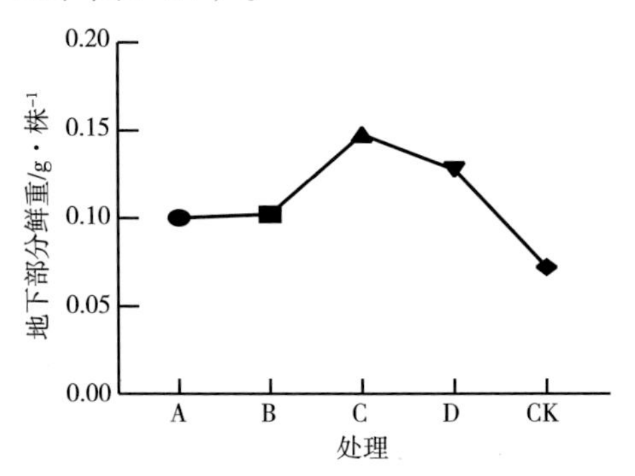

图2-26　28-高芸苔素内酯对玉米根系生长的影响

图2-27　不同处理对玉米的影响

六、芸苔素内酯对瓜类幼苗的调节作用

作物品种　冬瓜、西瓜。

试验药剂及处理　处理A，0.01% 28-高4 000倍液；处理B，0.01% 28-高2 000倍液；处理C，0.01% 28-高1 000倍液；处理D，竞品0.01% 28-高2 000倍液；处理E，0.004% 28-表高800倍液；处理F，0.01% 24-表2 000倍液；处理G，0.007 5% 14-羟基芸苔素甾醇1 500倍液；处理H，0.01%丙酰芸苔素2 000倍液；CK，清水。

试验方法　苗期叶面喷雾，间隔7 d用药2次。

调查方法　测量药后7 d、14 d瓜蔓长度。

结论　（1）药后7 d冬瓜瓜蔓增长量依次：处理B>D>A>C>H>E>F>CK>G，除处理G外，其他处理7 d的瓜蔓增量均大于空白对照，但均未达到显著水平；在14 d瓜蔓增长量依次：B>A>D>E>F>C>H>G>CK；在14 d时，冬瓜幼苗地上部分鲜重依次：E>H>B>D>C>G>F>A>CK（图2-28、图2-29）。

芸苔素内酯可以促进冬瓜幼苗的生长，其中28-高芸苔素内酯活性最高，24-表芸苔素内酯和28-表高云芸苔素内酯效果相当，14-羟基芸苔素甾醇和丙酰芸苔素内酯活性相当（图2-30)。

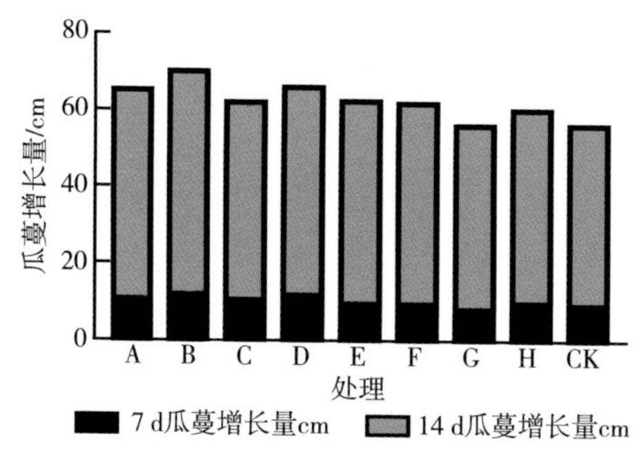

图2-28　不同处理对冬瓜幼苗生长的影响

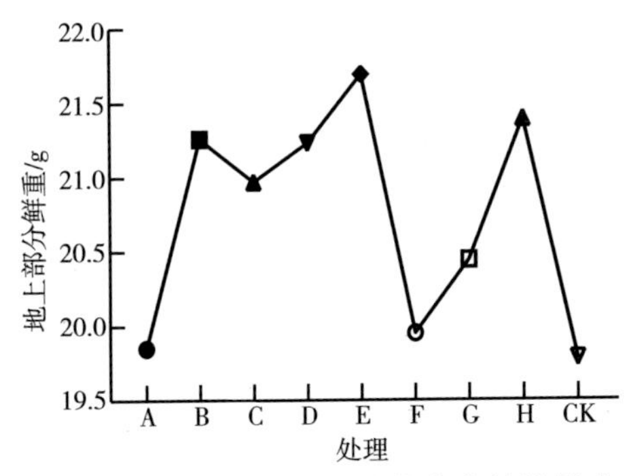

图2-29　不同处理对冬瓜幼苗生长的影响

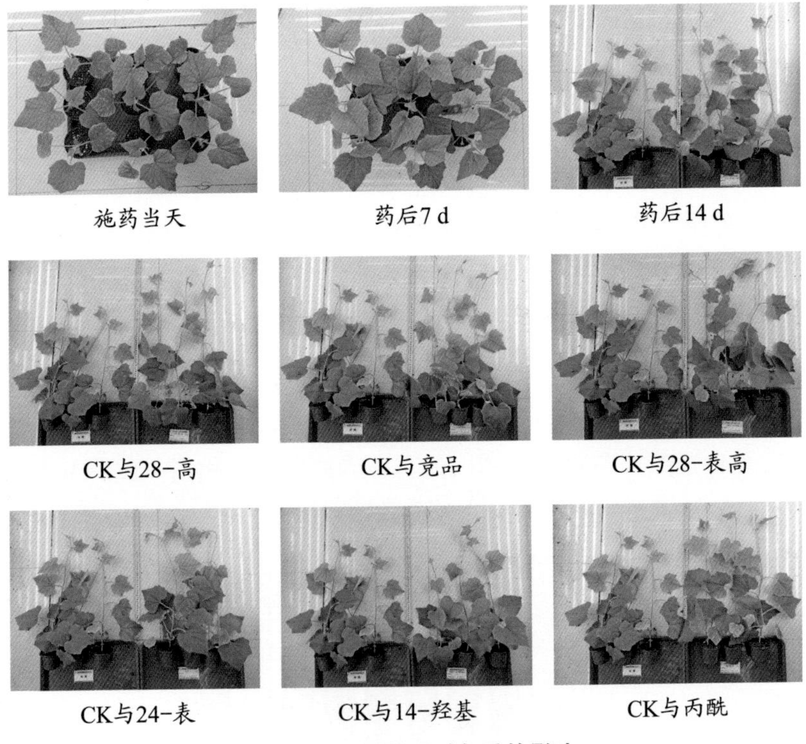

图2-30　不同处理对冬瓜的影响

（2）西瓜在药后7 d瓜蔓增长量依次是E>D=C>F>B>A>H>G>CK，即所有处理在7 d的瓜蔓增量均大于对照，与对照达到

显著水平的有B、C、D、E、E、F；在药后14 d西瓜瓜蔓增长量依次是D>E>G>F>B>C>G>H>CK>A；在14 d时，西瓜地上部分鲜重依次是F>E>B>D>C>G>H>A>CK（图2-31至图2-33）。

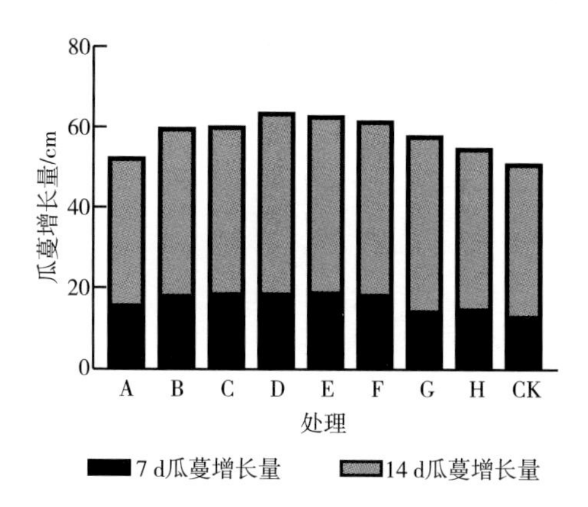

图2-31　不同处理对西瓜幼苗生长的影响

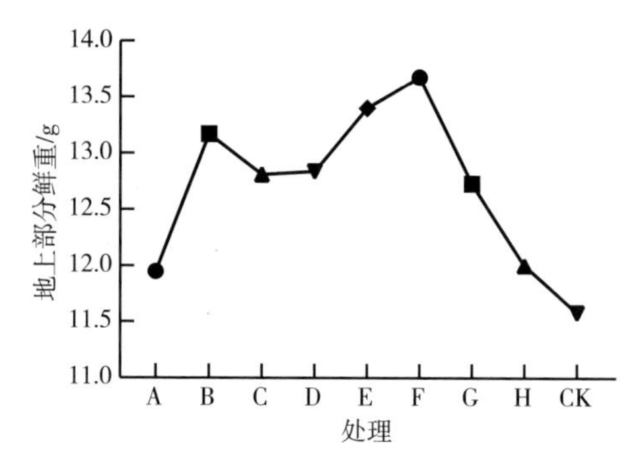

图2-32　不同结构芸苔素内酯对西瓜幼苗生长的影响

七、芸苔素内酯复配赤霉酸对冬枣的膨果作用

试验作物　冬枣。

试验药剂及处理　处理A，3%-24表芸苔素·赤霉酸SL；CK，清水。

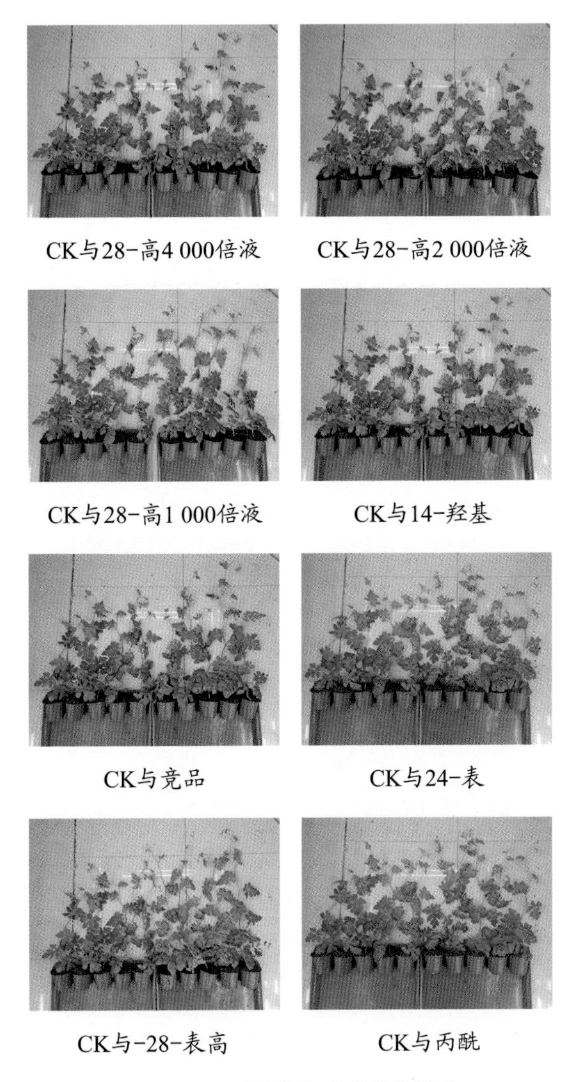

图2-33　不同处理对西瓜的影响

试验方法　开花50%第1次施药，间隔7 d第2次施药，全株喷施。

调查方法　观察药后7 d、14 d冬枣坐果率和膨果情况。

结论 连续2次使用3%24-表·赤霉酸SL，冬枣坐果率高，坐果量大，膨果速度快（图2-34）。

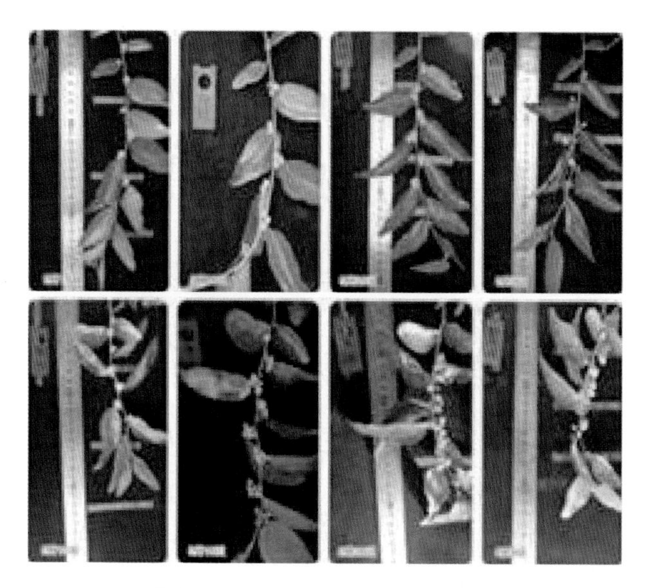

图2-34 不同处理对冬枣的影响

八、芸苔素内酯缓解除草剂药害

试验作物 茄子。

试验药剂及处理 处理A，草甘膦0.25 g/L+0.01% 28-高芸苔素内酯5 000倍液；处理B，草甘膦0.25 g/L+0.01% 28-高芸苔素内酯2 000倍液；CK_1，草甘膦0.25 g/L；CK_2，清水。

试验方法 盆栽，叶面喷施。第1次用药喷施28-高芸苔素内酯，3 d后喷施低剂量草甘膦除草剂进行药害胁迫，第7 d再喷施1次28-高芸苔素内酯。

调查方法 观察幼苗长生长情况，测定药后7 d、14 d茄子幼苗的生长量以及生长过程中水分消耗情况。

结论 0.01%28-高芸苔素内酯2 000倍液喷施能够在一定程度上缓解茄子除草剂药害，预防和减轻叶片的脱落及畸形叶的产生（图2-35至图2-40）。

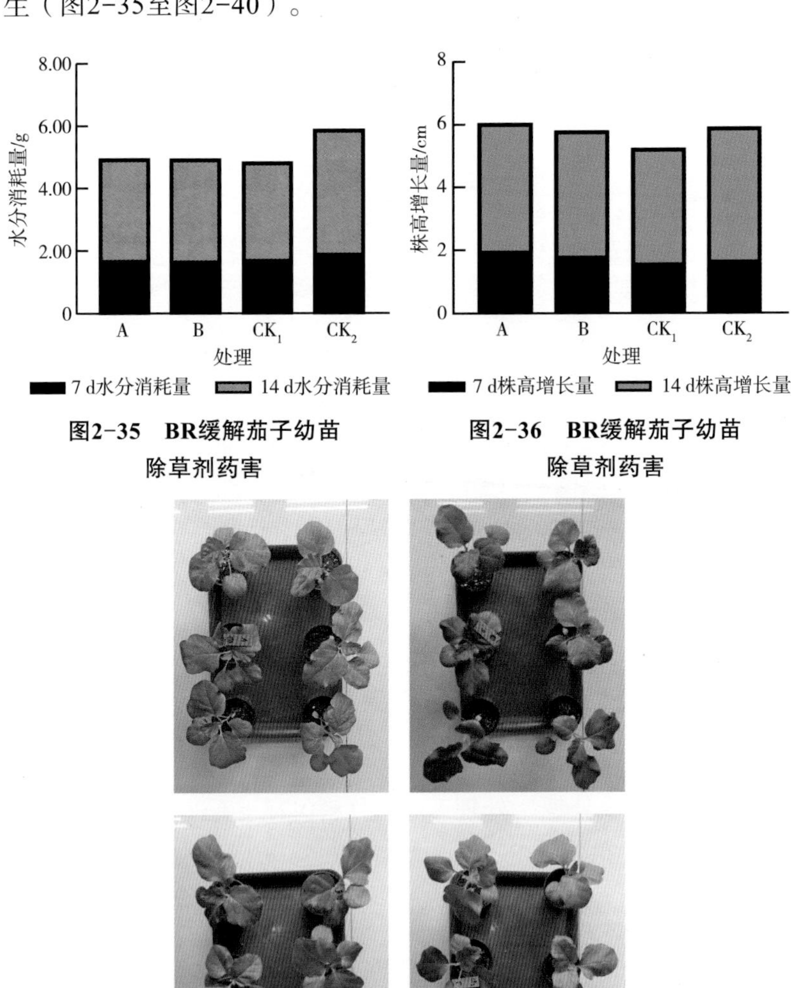

图2-35 BR缓解茄子幼苗除草剂药害

图2-36 BR缓解茄子幼苗除草剂药害

图2-37 用药当天茄子生长状况

图2-38　药后7 d生长状况

CK_1与CK_2

CK_1与处理A

CK_1与处理B

图2-39　药后14 d生长状况

图2-40　CK_1与处理B局部效果图

第八节　芸苔素内酯应用展望及注意事项

一、使用注意事项

1.不同作物对不同结构芸苔素内酯的活性有差异，注意选择适宜结构的芸苔素内酯产品使用。

2.不同施药方式应用芸苔素内酯的用量不同，请做小面积试验后再推广使用。

二、具有应用潜力的芸苔素内酯复配技术

目前，芸苔素内酯的应用已经覆盖了作物的整个生育期，具有生根壮苗、绿叶促长、保花保果、着色增甜、增产提质和抗逆解害等作用，全面调节了植物的生长发育。但在研究过程中发现，不同结构的芸苔素内酯其适用作物、功能效果有一定差异，且与其他调节剂的复配上具有广阔的应用空间。

1. 24-表芸苔素内酯+28-高芸苔素内酯

不同作物对芸苔素内酯的敏感性不同，外源不同结构的芸苔素内酯有可能起到不同的生理作用和功能效果。如在小麦、水稻、玉米、柑橘等作物上，28-高芸苔素内酯的生物活性优于24-表芸苔素内酯；在番茄、黄瓜等作物上，24-表芸苔素内酯的生物活性优于28-高芸苔素内酯。为了扩大产品的应用范围并保障产品的效果稳定性，可以通过将两种高活性的芸苔素内酯进行复配应用。

2. 芸苔素内酯+萘乙酸

芸苔素内酯一方面可以强化生长素，通过增加生长素的效能起作用；另一方面，芸苔素内酯可以促进生长素在下胚轴和主根中的运输，在不改变内源生长素整体水平的基础上，调节内源生长素在不同组织中的含量分布。将芸苔素内酯与高活性的类生长素——萘乙酸复配，有助于降低萘乙酸的用量，同时也能避免高浓度萘乙酸对组织产生的负面效应。

3. 芸苔素内酯+诱抗素

芸苔素内酯能够减少逆境胁迫下部分转录元件的丢失并加强恢复期间的一些转录元件的表达，提高作物的抗逆抗病能力并能减轻农药药害及花序污染药害。而在与诱抗素混合应用时，两者呈现出了良好的增效作用，扩大了诱抗素在抗逆方面的应用范围，提高了效果稳定性。

4. 芸苔素内酯+6-BA

芸苔素内酯具有促进细胞分裂和伸长的双重功效，苄氨基嘌呤属于细胞分裂素类物质，在促进细胞分裂、诱导芽分化方面具有特异性效应。两者复配使用，一方面，芸苔素内酯能够调节植物内源生长素的平衡，而生长素和细胞分裂素则协同调节着植物的生长发育；另一方面，在促进叶片生长方面，6-BA能够延缓叶绿素的降解速度，芸苔素内酯则通过促进代谢酶活性、提高光合速率的同时有利于光合产物的运输，两者综合作用下，维持了植株中较高的叶绿素含量，有效防止作物早衰。

5. 芸苔素内酯+延缓剂

芸苔素内酯对细胞伸长具有纵向和横向的双重促进作用，因此，在与植物生长延缓剂混用时，通常不影响延缓剂对茎的伸长抑制功效，同时在促进生殖生长方面协同增效作用。一般延缓剂为矮壮素、甲哌鎓、氯化胆碱、多效唑、烯效唑、调环酸钙、抗倒酯、乙烯利中的任意一种。可适用于小麦、水稻、花生、玉米、大豆、葡萄、苹果、梨、柑橘、芒果、甘薯、棉花等广谱性作物，延缓剂根据种类不同，使用量亦有差别。使用时期一般控制在营养生长与生殖生长交替期，以抑制营养生长促进生殖生长而促进坐果、增加产量。

第三章

苄氨基嘌呤

第一节　苄氨基嘌呤产品简介

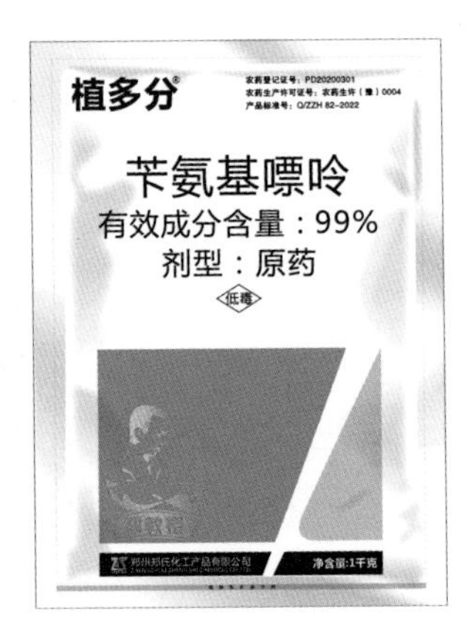

【中文通用名称】苄氨基嘌呤

【英文通用名称】6-Benzylamino-purine; 6-BA

【商品名称】植多分

【化学名称】6-（N-苄基）氨基腺嘌呤

【CAS号】1214-39-7

【化学结构式】

【分子式】$C_{12}H_{11}N_5$

【相对分子量】225.25

【理化性质】白色微针状结晶或粉末，无刺激性气味，熔点228～230℃。难溶于水和大多数有机溶剂，可溶于二甲基甲酰胺、二甲基亚砜，也可溶于强酸、强碱。在酸性、碱性和中性条件下稳定，对光、热稳定。在空气氛围下加热达到沸点之前发生降解，无爆炸性，无氧化/还原、化学不相容性；对包装无腐蚀性；无旋光性，非易燃物，室温下稳定，对铁粉、醋酸亚铁、铝粉、醋酸铝稳定。

【毒性】99%苄氨基嘌呤原药急性毒性试验结果为：对成年大鼠雄/雌的急性经口毒性LD_{50}为雌性2 330 mg/L，雄性2 370 mg/L，属低毒性；对成年大鼠雄/雌的急性经皮毒性LD_{50}均>2 000 mg/L，属低毒性；对成年大鼠雄/雌的急性吸入毒性LC_{50}均>2 000 mg/m^3，属低毒性；致突变性（体内和体外）试验结果为：对哺乳动物无致畸、致突变性。

【环境生物安全性评价】对鸟类日本鹌鹑急性经口毒性有效浓度LD_{50}（7 d）>2 000 mg/L体重，属低毒性；对蜜蜂急性经口毒性有效浓度LD_{50}（48 h）>100μg/蜂，属低毒性；对鱼类斑马鱼急性毒性有效浓度LC_{50}（96 h）>100 mg/L，属低毒性；对大型溞急性毒性有效浓度EC_{50}（48 h）>mg/L，属低毒性。

【产品及规格】99%原药，1kg/袋×25袋/桶。

第二节 99%苄氨基嘌呤原药质量控制

99%苄氨基嘌呤原药执行企业标准Q/ZZH 82-2022，各项目控制指标应符合表3-1要求。

表3-1 99%苄氨基嘌呤原药质量标准

检测项目	指标	检测方法及标准
外观	白色晶体或粉末	目测
苄氨基嘌呤质量分数（%）≥	99.0	液相色谱法
pH值范围	5.5 ~ 8.5	《农药pH值的测定方法》（GB/T 1601—1993）

（续表）

检测项目	指标	检测方法及标准
水分（%）≤	0.5	《农药水分测定方法》（GB/T 1600—2001）
N，N-二甲基甲酰胺不溶物（%）≤	0.2	—

其中，主要检测项目的具体检测方法如下。

一、苄氨基嘌呤质量分数的测定

试样用甲醇溶解，以甲醇+0.1%磷酸水溶液为流动相，使用C18为填充物的不锈钢柱和可变波长紫外检测器，在210nm波长下对试样中的苄氨基嘌呤进行高效液相色谱分离和测定（可根据不同仪器特点对给定操作参数作适当调整，以期获得最佳效果）。

典型的苄氨基嘌呤标样、苄氨基嘌呤试样高效液相色谱图见图3-1、图3-2。

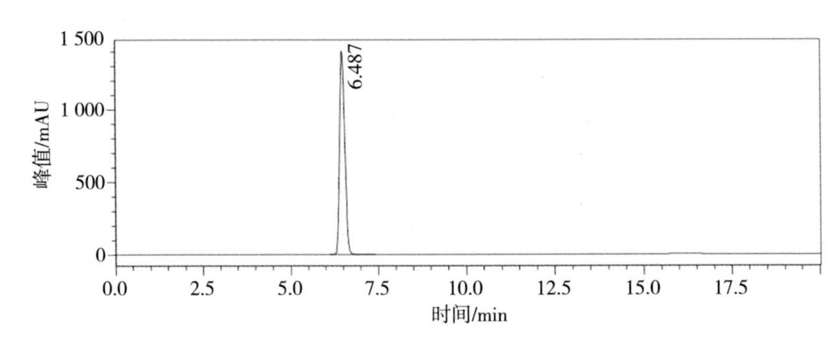

图3-1　苄氨基嘌呤标样高效液相色谱图

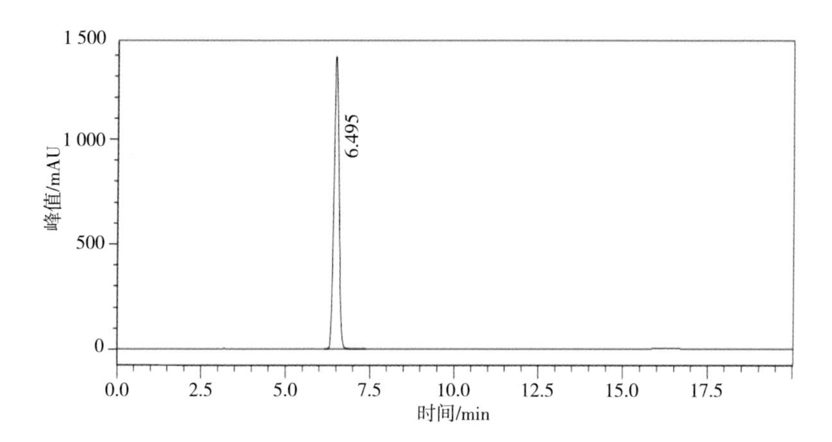

图3-2　苄氨基嘌呤试样高效液相色谱图

二、水分的测定

按《农药水分测定方法》（GB/T 1600—2001）中的“卡尔·费休法”进行。

三、pH值的测定

按《农药pH值的测定方法》（GB/T 1601—1993）进行。

四、N, N-二甲基甲酰胺不溶物

按《农药丙酮不溶物的测定方法》（GB/T 19138—2003）进行，将丙酮溶剂改为N, N-二甲基甲酰胺溶剂，采用200℃油浴加热至沸腾，烘干温度设定为110℃。

第三节　苄氨基嘌呤的功能作用

一、作用机理

苄氨基嘌呤是一种人工合成的嘌呤类植物生长调节剂，外源施用可促进组织中内源分裂素的生成，起到内源细胞分裂素的生理作用。能够促进细胞分裂、分化、生长，诱导种子和侧芽萌发；增加细胞壁的伸展性和细胞体积扩大，调动同化物和矿质营养向处理器官和组织运转并积累，促进花、果、叶等部位发育；调节酶的活性，延缓叶绿素和蛋白质降解，稳定多聚核糖体，改善活性氧代谢，维持细胞膜的完整性，延缓植株衰老（图3-3）。

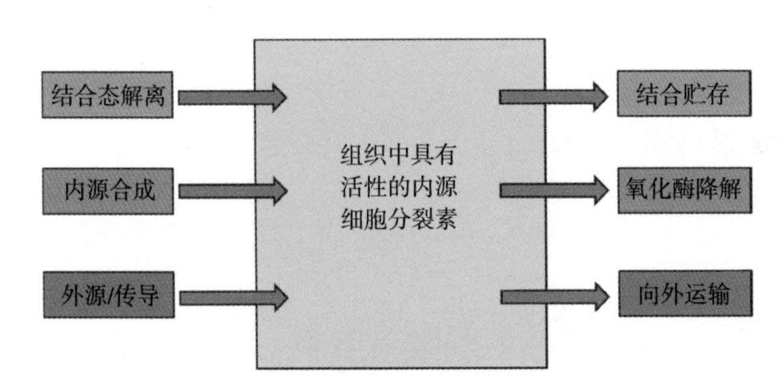

图3-3　苄氨基嘌呤作用机理

二、功能特点

苄氨基嘌呤属细胞分裂素类植物生长调节剂，可经植株的茎、叶、果实、芽、花等不同部位吸收，不同时期使用，效应

不同。

1. 消除顶端优势，促进侧芽萌发

外源苄氨基嘌呤能改变内源生长素和细胞分裂素的比例，可以拮抗和解除多种植物的顶端优势。如果直接处理侧芽也会刺激芽的细胞分裂和生长，削弱或打破顶端优势。

2. 促进种子和芽萌发

内源ABA促进种子和芽的休眠，而外源苄氨基嘌呤可以打破休眠，促进种子和芽的萌发。通过调整与生长素的比例刺激芽的发生，可以诱导愈伤组织再生完整植株。

3. 促进细胞分裂和细胞扩大，促进果实膨大、诱导块茎形成

苄氨基嘌呤与生长素协同促进细胞的分裂和伸长，诱导器官的形成和生长，从而促进果实膨大。

4. 促进叶绿体发育，提高光合作用，促进籽粒发育

苄氨基嘌呤可促进叶绿体的发育，抑制水解酶活性，增加光合产物的积累量。同时可以调动同化物和矿质营养向处理器官和组织运转并积累，促进籽粒发育，利于增产。

5. 延缓叶片衰老，促进保鲜、防早衰

苄氨基嘌呤可延缓或抑制衰老过程中叶片结构的破坏，生理紊乱和功能衰退，抑制DNA酶、RNA酶、蛋白酶和一些水解酶的活性，改善活性氧代谢，维持生物膜的完整性。

三、应用方向

苄氨基嘌呤是广谱多用途的植物生长调节剂。最早应用在愈伤组织诱导分化芽；20世纪60年代作为葡萄、瓜类坐果剂；70年代用于水稻、小麦防早衰、促灌浆增产剂；80年代作为苹果、蔷薇、洋兰、茶树等树木分枝促进剂；90年代用于蔬菜采收后保鲜

剂和种子萌发剂；21世纪，应用方向又扩增到根茎作物膨大及苹果等果树疏花疏果上（图3-4）。

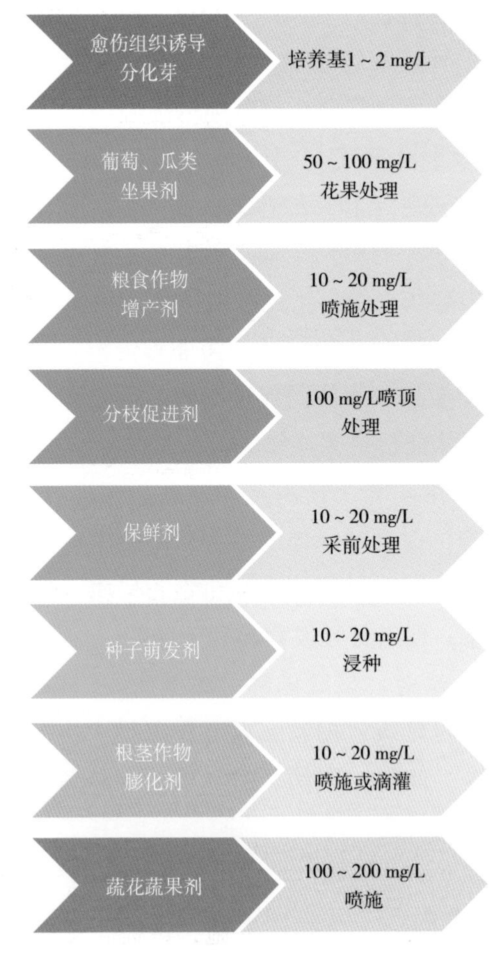

图3-4　苄氨基嘌呤的主要应用历程与方向

此外，苄氨基嘌呤移动性小，单作叶面处理时效果较温和，应用时也多将其与赤霉酸、芸苔素内酯、胺鲜酯等促进剂或多效唑、烯效唑等延缓剂复配应用（图3-5）。

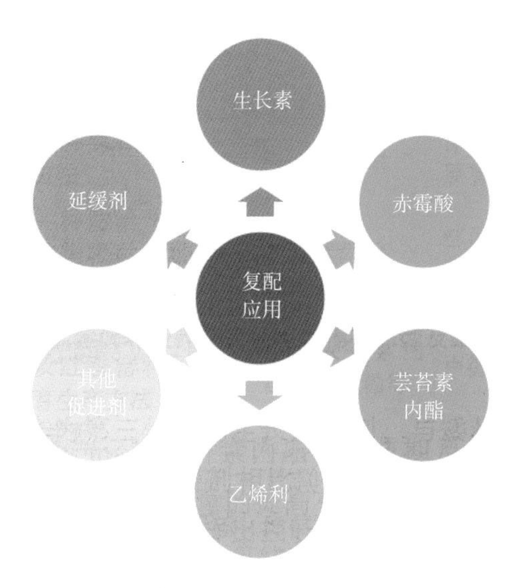

图3-5　苄氨基嘌呤的复配应用方向

第四节　苄氨基嘌呤的应用技术

一、促进种子发芽，提高幼苗抗逆能力

1. 小麦

用15～20 mg/L浓度的苄氨基嘌呤浸种24 h，或于小麦两叶一心期以2.5～25 mg/L药液叶面喷施，可提高发芽势和发芽率，也可提高幼苗抵御低温、干旱的能力，且能缓解重金属胁迫对幼苗的伤害，但其效应因小麦品种而异。

2. 水稻

用20 mg/L苄氨基嘌呤药液浸种处理48 h，种子发芽率比对照（清水处理）提高5%，且发芽快，发芽整齐；有利于提高秧苗素质，增强抗逆力；对防治早稻烂秧的效果为48%，成秧率可提高21.8%，从而增加早稻后期产量。

3. 玉米

用2.25 mg/L浓度的苄氨基嘌呤浸种18 h，可使发芽率提高，幼苗健壮，根粗壮，叶色加深，植株增高，干物质积累多。于三叶一心期用2.25 mg/L苄氨基嘌呤药液叶面喷雾处理，可以提高水分胁迫条件下玉米幼苗的光合速率、叶绿素含量、光合羧化酶及细胞保护酶活性，降低气孔阻力和MDA含量，减轻水分胁迫下活性氧对膜的伤害，增强玉米幼苗的抗旱性。

4. 马铃薯

用10 ~ 20 mg/L浓度的苄氨基嘌呤浸块茎6 ~ 12 h，可达到出苗快、苗壮的效果。

5. 棉花

用1.5 ~ 2 mg/L浓度的苄氨基嘌呤浸种6 ~ 7 h，对老化的棉花种子出芽有一定的促进作用，同时对细胞膜系统起到不同程度的保护作用。

6. 甜瓜

用20 mg/L浓度的苄氨基嘌呤浸种6 h，可达到提高发芽率、出苗快的效果；在幼苗期以30 ~ 50 mg/L浓度的苄氨基嘌呤叶面喷雾处理，可影响甜瓜根系的生长，抑制幼苗茎粗和根长，但可增强POD活性，提高幼苗抗逆能力。

7. 番茄

用10 mg/L浓度的苄氨基嘌呤浸种6 h，能促进番茄种子萌发，显著提高其种子活力，并对其种子的胚根伸长及幼苗鲜重增加等早期生长有明显影响。

8. 辣椒

用20～25 mg/L浓度的苄氨基嘌呤在移栽后喷施辣椒幼苗，可促进高温胁迫下辣椒幼苗的正常生长。

9. 黄瓜

用5 mg/L浓度的苄氨基嘌呤浸种24 h，可延缓淹涝胁迫下黄瓜幼苗根系中的根系活力的降低和根系电导率的升高；可使淹涝胁迫下的黄瓜在较长时间内维持较高的保护酶和ADH活性，从而提高黄瓜对淹涝胁迫的抵抗能力。

10. 柴胡

用50～100 mg/L浓度的苄氨基嘌呤药液浸种24 h，可提高柴胡发芽率。

11. 唐菖蒲

用1 000 mg/L浓度的药液直接喷洒鳞茎或以200 mg/L浓度的药液播前浸泡块茎4 h或用10～50 mg/L药液浸泡12～24 h，均可达到打破休眠，促进发芽的效果。

12. 洋晚玉香

用10～40 mg/L浓度的苄氨基嘌呤在播前浸球茎12～24 h，可达到打破休眠，促进发芽的效果。

13. 马占相思木

用100 mg/L苄氨基嘌呤药液浸种10 min，可提高马占相思种子发芽率。

14. 铁皮石斛

用2 mg/L苄氨基嘌呤叶面喷施红杆铁皮石斛幼苗，能提高植株光合色素及可溶性糖的合成与积累，缓解盐胁迫对植株的伤害。

二、提高光合作用，促进增产

1. 小麦

用10～30 mg/L浓度的苄氨基嘌呤在灌浆期喷施，可提高小麦光合作用，促进干物质积累及其向籽粒的分配，并能减缓渍水等对产量形成的不利影响，促进稳产、增产。

2. 水稻

于水稻始穗期，用40 mg/L苄氨基嘌呤药液叶面喷施处理，可比喷施清水提前齐穗和灌浆3 d，增加有效穗数、穗实粒，提高结实率4.5%，增加千粒重，并能减少秋风阴雨对水稻开花、授粉的影响，增产效果显著。

3. 玉米

在玉米灌浆期，以10 mg/L的苄氨基嘌呤药液喷雾或灌根处理，配施适量氮肥，可显著提高花后玉米叶片氮代谢相关酶活性和氮素吸收效率，有利于氮素在植物体内的积累，促进各营养器官中的氮素向籽粒中转运，增加了玉米花后单株干物质积累量，从而提高了玉米籽粒产量。

4. 大豆

在初花期以200 mg/L的苄氨基嘌呤叶面喷施处理，有利于叶片光合产物的积累，实现产量的提高。同时还提高了大豆籽粒中蛋白质含量，影响了籽粒中脂肪酸的组分含量，改善了大豆的品质。

5. 白菜

用20～40 mg/L浓度的苄氨基嘌呤在定苗期、团棵期、莲座期，间隔10～15 d喷1次，共2～3次，可增加叶绿素，提高光合作用，加速作物的生长和发育，提高产量。

6. 油菜

在开花前后，以20 mg/L浓度的苄氨基嘌呤全株喷施处理，能显著地增加单株角果数，改善主花序着果性状，提高角果的粒壳比，从而有效地提高菜籽产量。

7. 甜瓜

在开花期，以30～40 mg/L浓度的苄氨基嘌呤全株喷施，能够提高厚皮甜瓜坐果节位叶片光能利用效率，优化光能分配比率，改善叶片光合性能。并能增强抗氧化酶活性，缓解膜质过氧化损伤，提高氮素还原同化能力，提升叶片生理机能，从而利于果实单果重和内在品质的提升。

8. 红小豆芽菜

用300 mg/L苄氨基嘌呤药液浸种20 h，并于苗期以同等浓度喷施1～2次，能促进红小豆芽菜生长并提高产量。

三、调节花果发育、促进坐果膨果

1. 西瓜、香瓜

用100 mg/L浓度的苄氨基嘌呤在开花当天涂果柄处，可达到促进坐果的效果。

2. 南瓜、西葫芦

用100 mg/L浓度的苄氨基嘌呤在开花前一天到当天涂果柄处，可达到促进坐果的效果。

3. 黄瓜

用60 mg/L浓度的苄氨基嘌呤在黄瓜雌花完全开放时喷花及幼果，可促进座果和幼果生长，增加商品果数，提高产量。

4. 番茄

用100 mg/L浓度的苄氨基嘌呤开花时浸或喷花序（加20～

30 mg/L赤霉素），可达到促进坐果、防空洞果的效果。

5. 枣

于开花70%～80%至果实快速膨大期用20～28.5 mg/L均匀喷果实，以果面均匀润湿至滴水为宜，果实硬核后禁用，间隔10～15 d喷施1次，连续施用2～3次，可促进花芽分化，加速生长和发育，强化植株，壮果膨果，提高产量。

6. 葡萄

用100 mg/L浓度的苄氨基嘌呤开花时浸花序，可达到促进坐果，形成无籽葡萄的效果；在花后用50～100 mg/L浓度的苄氨基嘌呤配合20～30 mg/L的赤霉素，可促进果粒膨大，提高产量和品质。

7. 柑橘

于谢花开始（第1次生理落果前）、幼果期（第2次生理落果前）及果实膨大前，用33.3～50 mg/L浓度的苄氨基嘌呤药液各喷施1次，重点喷花果，可达到促进坐果、增加产量的效果。

四、缓解衰老及保鲜

1. 甘蓝、空心菜

用30 mg/L浓度的苄氨基嘌呤在采收后喷洒叶面或浸渍，可达到延长贮存期的效果。

2. 油菜、花椰菜

用10～15 mg/L浓度的苄氨基嘌呤在采收时喷洒叶面或浸渍，可以更有效地减缓采后叶片的黄化和感官品质的下降，减轻其质量损失，显著抑制呼吸强度、叶绿素分解和MDA的生成，维持其较高的总酚含量及DPPH自由基清除能力，可达到延长储存期的效果。

3. 甜椒

用10～20 mg/L浓度的苄氨基嘌呤在采收前喷洒叶面或采收后浸渍，可明显抑制贮藏过程中的呼吸作用，延缓呼吸高峰的到来，可达到延长贮存期的效果。

4. 萝卜、莴苣

用5～10 mg/L浓度的苄氨基嘌呤在采收时喷洒叶面或采收后浸渍，可明显抑制贮藏过程中的呼吸作用，延缓呼吸高峰的到来，可达到延长贮存期的效果。

5. 瓜类

用10～30 mg/L浓度的苄氨基嘌呤在采收后浸泡，可达到耐存放的效果。

6. 枣

采前用15 mg/L的苄氨基嘌呤喷雾处理，能抑制枣果过氧化物酶（POD）和过氧化氢酶（CAT）活性的下降，降低丙二醛（MDA）积累量和果肉组织的相对电导率，从而抑制枣果的成熟衰老。

7. 葡萄

用20 mg/L浓度的苄氨基嘌呤在葡萄生长中后期喷施3～4次，可增加葡萄叶片叶绿素的含量，延缓叶片衰老15 d左右。

8. 香椿

用100 mg/L浓度的苄氨基嘌呤采收后浸10s后冷藏，可延迟叶绿素降解，起到延长贮藏的作用。

9. 水蜜桃

用500 mg/L浓度的苄氨基嘌呤药液喷洒处理果实，通过诱导抗性、保持细胞膜完整性和延缓果实衰老等方面进而提高果实对桃褐病的防御能力，显著降低桃褐腐发病率。

10. 荔枝

用100 mg/L浓度的苄氨基嘌呤采收后浸1 ~ 3 min，可达到延长存放期的效果。

11. 百合、月季、牡丹、菊花、香石竹等花卉

用25 ~ 50 mg/L浓度的苄氨基嘌呤在花卉生长中后期喷施处理或者以1.5 ~ 2.5 mg/L浸泡液处理切花，能显著延长切花的寿命，延缓衰老。

五、打破顶端优势，促进侧芽生长

1. 苹果

用150 ~ 600 mg/L浓度的苄氨基嘌呤在新梢旺长期全株喷施1次，可达到促进侧芽生长的效果。

2. 杜鹃花

用250 ~ 500 mg/L浓度的苄氨基嘌呤在生长期全株喷施2次（间隔1 d），可达到促进侧芽生长的效果。

3. 香椿

用50 ~ 75 mg/L浓度的苄氨基嘌呤生长期全株喷洒1次，能诱发顶芽的萌发和侧芽激增，抑制顶芽的顶端优势，加快椿芽生长速度，使芽粗壮，显著提高单株产量。

4. 棉花

于棉花正常打顶期用90 mg/L药液第1次施药，均匀喷雾处理，直喷顶心部分。第2次于首次施药后14 ~ 20 d，用同等浓度对顶心和边心均匀喷雾处理，可替代人工打顶，并对棉花的株高、果枝数和棉铃数有较好的调节作用，增产作用显著，但有可能增加麦克隆值，对棉花品质有一定影响。

六、疏花疏果

苹果

用50～200 mg/L浓度的苄氨基嘌呤于苹果盛花期、盛花后3 d、盛花后15 d、盛花后25 d各喷1次，可有效疏除多余的花果，调整适宜的挂果量。

注：与萘乙酸相比，苄氨基嘌呤疏除效果略差但单果重略高于萘乙酸。但在多雨气候条件的地区应用时，在有疏果效果的同时，会促进腋芽发芽，诱发副梢产生，影响树形。

七、促进非分化组织分化

1. 蔷薇

用0.5%～1%浓度的苄氨基嘌呤膏剂在近地面芽的上、下部划伤口，涂药膏，可达到增加基部枝条和切花数。

2. 苹果、梨

用600～800 mg/L浓度的苄氨基嘌呤涂抹休眠芽，可达到促进苹果、梨抽出健壮的侧枝的效果。

第五节　苄氨基嘌呤的登记应用与专利

一、登记情况

苄氨基嘌呤原药目前在国内已有8家企业登记，登记含量分别为97%、98%、98.5%、99%，其中郑氏化工为原药99%最高含量登记（表3-2、图3-6）。

表3-2　苄氨基嘌呤原药登记信息汇总

名称	剂型	登记证号	含量(%)	有效期至	登记证持有人
苄氨基嘌呤	原药	PD20170919	99	2027-05-08	河南粮保农药有限责任公司
		PD20212313	98	2026-10-19	江西新瑞丰生化股份有限公司
		PD20200301	99	2025-05-21	郑州郑氏化工产品有限公司
		PD20081605	97	2023-11-12	四川省兰月科技有限公司
		PD20081600	98.5	2023-11-12	浙江大鹏药业股份有限公司
		PD20081592	99	2023-11-12	四川润尔科技有限公司
		PD20081394	99	2023-10-28	江苏丰源生物工程有限公司
		PD20180444	99	2023-02-08	重庆依尔双丰科技有限公司

农药登记证

登记证号：PD20200301　　总有效成分含量：99%

登记证持有人：郑州郑氏化工产品有限公司　　有效成分及含量：苄氨基嘌呤/6-benzylamino-purine 99%

农药名称：苄氨基嘌呤

剂型：原药

农药类别：植物生长调节剂　　毒性：低毒

使用范围和使用方法：

作物/场所	防治对象	用药量(制剂量/亩)	施用方式

备注：

首次批准日期：2020年05月22日

有效期至：2025年05月21日

中华人民共和国农业农村部

2020年05月22日

图3-6　郑氏化工99%苄氨基嘌呤原药登记证

制剂方面，苄氨基嘌呤单剂以可溶液剂为主（表3-3），混剂则以可溶液剂及水分散粒剂为主（表3-4）。登记作物以果树为主，起到保花、稳果、壮果的功效。

表3-3　苄氨基嘌呤单剂登记情况汇总

登记名称	剂型	含量（%）	登记作物	使用技术	产品效果
苄氨基嘌呤	可溶粉剂	1	枣	在枣树谢花后，幼果花生米粒大小时250～500倍液喷雾1次	稳果壮果增产
			白菜	苗期、团棵期、莲座期，兑水以250～500倍液叶面喷雾各施药1次，间隔10～15 d	诱导花芽分化，延缓衰老
	可溶液剂	2	柑橘	在谢花开始（第一次生理落果前）、幼果期（第二次生理落果前）及果实膨大前以400～600倍液喷1次，均匀喷雾	促进幼果发育，壮果膨果，提高产量
			枣	开花70%～80%至果实快速膨大期以700～1 000倍液均匀喷果实，以果面均匀润湿至滴水为宜，果实硬核后禁用，间隔10～15 d喷施1次，连续施用2～3次	保花、稳果、壮果
			月季	月季修剪后以600～800倍液全株喷雾1～2次	促进侧芽萌发，增加枝数
			苹果	苹果树盛花末期以500～800倍液喷雾施药1次，间隔10～14 d再喷施1次	调节苹果果形，促进苹果高桩
			杨梅	杨梅谢花期及幼果期以700～1 000倍液各喷雾1次，每次间隔10～15 d	保花保果，稳果壮果
			樱桃	樱桃盛花末期以500～800倍液第1次用药，间隔7～12 d第2次用药，再间隔7～8 d第3次用药	诱导花芽分化，稳果壮果
		5	柑橘	于柑橘树谢花开始（第一次生理落果前）、幼果期（第二次生理落果前）和果实膨大前以1 000～2 000倍液各施药1次，均匀喷雾	促进幼果发育，壮果膨果，提高产量
	水剂	5	柑橘	谢花开始、幼果期及果实膨大前以1 000～2 000倍液各喷1次，均匀喷雾	壮果膨果，提高产量

（续表）

登记名称	剂型	含量（%）	登记作物	使用技术	产品效果
苄氨基嘌呤	水分散粒剂	70	柑橘	于柑橘树谢花后及幼果期以15 000~25 000倍液各喷雾施药1次，共施药2次	调节柑橘树生长
		20	柑橘	柑橘谢花后5~7 d，以4 000 ~ 6 000倍液喷雾施药1次	调节柑橘生长，壮果膨果
	悬浮剂	20	葡萄	葡萄谢花后5 ~ 7 d，以5 000 ~ 7 000倍液进行喷雾施药1次	促进分枝，提高坐果率，促进保鲜
		30	芹菜	芹菜移栽或定植后7 d茎叶喷雾使用，再过15 ~ 20 d再喷1次，每季最多2次	促进花芽分化，加速生长和发育，强壮植株

表3-4　苄氨基嘌呤复配制剂登记情况汇总

登记名称	剂型	含量	登记作物	使用技术	产品效果
苄氨·赤霉酸	可溶液剂	苄氨基嘌呤 1.8% 赤霉酸A_{4+7} 1.8%	苹果	在苹果树盛花期至幼果期以600 ~ 800倍液各喷雾1次，共施药2次。全株均匀喷雾	促进花芽分化，提高产量及品质
			柑橘	在柑橘树谢花后5 ~ 7 d(谢花70% ~ 80%)以600 ~ 800倍液间隔15 d左右再用1次	提高坐果率，保花保果
			樱桃番茄	以3 000 ~ 5 000倍液喷施盛开花序，单个花序开花3~4朵时第1次施药，间隔5 ~ 7 d第2次施药，单个花序用药2次	提高坐果率，保花保果
			芹菜	定植后10~20 d以2 000~3 000倍液叶面喷雾1次	促进作物花芽分化、缓解逆境障碍

（续表）

登记名称	剂型	含量	登记作物	使用技术	产品效果
苄氨·赤霉酸	可溶液剂	苄氨基嘌呤1.8%赤霉酸A_{4+7} 1.8%	荔枝	荔枝雌花谢花后7～10 d以3 000～5 000倍液第1次用药，间隔7～10 d第2次用药，再间隔10 d左右第3次用药	促进单性结实，保花保果
			李子	幼果直径0.5～1 cm时以1 000～2 000倍液叶面喷雾1次，重点喷施幼果	促进单性结实，保花保果
		苄氨基嘌呤2%赤霉酸A_3 2%	黄瓜	黄瓜盛花期和谢花后幼果期以800～1 000倍液各喷雾1次	促进果实生长，保花保果
			葡萄	葡萄幼果横径12～14 mm（谢花后20～25 d），以800～1 000倍液浸果穗1次	促进果实生长，提高产量
			柑橘	柑橘树谢花2/3左右（第1次生理落果前）、幼果期、果实膨大期以1 000～2 000倍液喷雾施药各1次	促进果实生长，提高产量
			枣	枣树开花70%～80%时以800～1 000倍液喷雾施药1次，间隔10～15 d再喷施1次	促进果实生长，提高产量
			辣椒	辣椒第一批幼果期，以2 000～3 000倍液均匀喷雾施药1次，间隔7～10 d再喷施1次，连续施用2次	促进果实生长，保花保果
		苄氨基嘌呤2%赤霉酸A_{4+7} 2%	苹果	在苹果盛花期至幼果膨大期，以800～1 000倍液均匀喷雾1次，重点喷幼果	保花保果，提高产量及品质
	液剂	苄氨基嘌呤1.8%赤霉酸A_{4+7} 1.8%	苹果	盛花期喷施1次，终花后再喷施1次，共喷2次，亩用量139～209 mL	保花保果，提高坐果率及产量

（续表）

登记名称	剂型	含量	登记作物	使用技术	产品效果
苄氨·赤霉酸	液剂	苄氨基嘌呤1.8% 赤霉酸A_{4+7} 1.8%	葡萄	葡萄第1批花盛花期及谢花后（生理落果后）以5 000～10 000倍液各全株喷洒1次，共2次	保花保果，提高坐果率及产量
			枣	枣树第1、第2批花的盛花期以5 000～10 000倍液全株均匀喷洒1次，间隔5～7 d喷雾施药第2次	
	微乳剂	苄氨基嘌呤1.8% 赤霉酸A_{4+7} 1.8%	葡萄	在葡萄谢花后5～7 d，以推荐剂量兑水均匀喷果穗1次	促进果实生长，提高单果重
	乳油	苄氨基嘌呤1.8% 赤霉酸A_{4+7} 1.8%	苹果	在主花花絮分离期，以400～800倍液喷花蕾1次或2次	调节果型，提高坐果率及产量
			草莓	在花果混生期用药，可以800～1 000倍液连续喷药2次，施药间隔7～14 d	调节果型，提高坐果率及产量
			柑橘	柑橘树谢花90%左右时和幼果期以3 500～5 000倍液喷雾施药各1次	调节果型，提高坐果率及产量
			黄瓜	黄瓜盛花期、幼果期以800～1 000倍液各均匀喷雾1次	调节果型，提高坐果率及产量
		苄氨基嘌呤1.9% 赤霉酸A_{4+7} 1.9%	苹果	果树50%～80%盛花期喷施第1次，终花后喷施第2次	改善果型，提高产量

（续表）

登记名称	剂型	含量	登记作物	使用技术	产品效果
苄氨·赤霉酸	水分散粒剂	苄氨基嘌呤0.9% 赤霉酸A_{4+7} 0.9%	黄瓜	黄瓜开花前1天、盛花期、幼果期以400～500倍液均匀喷雾	促进果实生长，保花保果
苄氨·乙烯利	可溶液剂	苄氨基嘌呤0.5% 乙烯利29.5%	玉米	玉米6～10叶期，15～25 mL/亩喷雾施药1次	抗倒伏，提高产量
苄氨·烷醇	水分散粒剂	苄氨基嘌呤1.9% 三十烷醇0.1%	小麦	在小麦扬花期和灌浆期,以3 000～4 000倍液各喷药1次，共施药2次	促进花芽分化，提高产量
		苄氨基嘌呤9.8% 三十烷醇0.2%	番茄	在番茄苗期、花果期以4 000～6 000倍液各均匀喷雾1次	壮果膨果，提高产量
苄氨·三十烷	可溶液剂	苄氨基嘌呤1.9%，三十烷醇0.1%	小麦	小麦抽穗前期、扬花盛期以2 000～4 000倍液各施药1次，每季最多使用2次	调节生长
苄氨基嘌呤·氯化胆碱	悬浮剂	氯化胆碱450 g/L 苄氨基嘌呤50 g/L	花生	花生花蕾期和下针期以10~20 mL/亩兑水各喷雾施药1次，间隔10～15 d施药1次，共施药2次	诱导花芽分化，促进侧芽发生
胺鲜酯·苄氨基嘌呤	水分散粒剂	苄氨基嘌呤2% 胺鲜酯8%	大白菜	大白菜团棵期以1 600～2 400倍液喷雾施药1次，间隔10 d左右施药1次，共施药2次	调节生长
28-高芸·苄嘌呤	可溶液剂	苄氨基嘌呤4.995% 28-高芸苔素内酯0.005%	柑橘	柑橘花蕾期、幼果期、果实膨大期以1 500～2 500倍液各喷雾施药1次，共施药3次	提高结实率，增加抗病性

（续表）

登记名称	剂型	含量	登记作物	使用技术	产品效果
28-高芸·苄嘌呤	可溶液剂	苄氨基嘌呤1.99% 28-高芸苔素内酯0.01%	柑橘	柑橘树谢花2/3左右、幼果期、果实膨大期，分别以4 000～6 000倍液均匀喷雾1次	壮果膨果，提高产量
28-表芸·苄嘌呤	可溶液剂	苄氨基嘌呤1.996% 28-表高芸苔素内酯0.004%	玉米	在玉米苗期和大喇叭口期，以20～40 mL/亩分别喷雾施药1次	促进植物生长，壮果膨果

二、苄氨基嘌呤相关应用专利（表3-5）

表3-5　苄氨基嘌呤相关应用专利

公开(公告)号	标题	摘要	当前申请(专利权)人
CN113545368A	一种马铃薯的生长调节剂及其制备方法	苄氨基嘌呤、氯化氯胆碱和洋槐花-辣木叶-山楂复合提取物	江西劲农作物保护有限公司
CN111887251A	一种有利于红松生长的混合激素	吲哚乙酸、萘乙酸、6-苄氨基嘌呤、赤霉素	吉林省林业科学研究院
CN111972418A	一种促进油菜壮苗及提高抗逆性的调节剂	木醋液、赤霉素、葡萄糖酸盐褪黑激素、6-苄氨基嘌呤	华中农业大学
CN111165508A	一种由甲基立枯磷和咯菌腈复配的果树苗木根部处理剂及其制备方法、使用方法和应用	甲基立枯磷和咯菌腈与植物生长调节剂6-苄氨基嘌呤、萘乙酸和2, 4-二氯苯氧乙酸中的一种或数几种	青岛农业大学

（续表）

公开(公告)号	标题	摘要	当前申请(专利权)人
CN111184021A	一种由甲基立枯磷和吡唑醚菌酯复配的果树苗木根部杀菌剂及其制备方法、使用方法和应用	甲基立枯磷和吡唑醚菌酯与植物生长调节剂6-苄氨基嘌呤、萘乙酸和2,4-二氯苯氧乙酸中的一种或数种	青岛农业大学
CN110367268A	一种用于柑橘保花保果的调节组合物及其应用	苄氨基嘌呤、赤霉酸和芸苔素内酯	江西新瑞丰生化股份有限公司
CN110063260A	一种长柄扁桃快速繁殖的方法	6-苄氨基嘌呤、2,4-二氯苯氧乙酸	内蒙古农业大学
CN109452311A	一种植物生长调节组合物、制剂及其应用	独脚金内酯、6-苄氨基嘌呤	四川国光农化股份有限公司
CN106962375A	太子参种根处理剂及其应用	多效唑、6-苄氨基嘌呤、百菌清、氰戊菊酯、	贵州大学
CN106852366A	一种大葱的贮藏保鲜方法	赤霉素和6-苄氨基嘌呤	山东营养源食品科技有限公司
CN106509078A	一种延缓青柠檬鲜果褪绿的方法	是壳聚糖、氯化钙、6-苄氨基嘌呤、赤霉酸	云南省农业科学院热带亚热带经济作物研究所
CN106489933A	含吡唑醚菌酯和6-苄氨基嘌呤的组合物及可分散油悬浮剂	吡唑醚菌酯和6-苄氨基嘌呤	山东省农药科学研究院

（续表）

公开（公告）号	标题	摘要	当前申请（专利权）人
CN106613114A	一种秋石斛花期调控方法	6-苄氨基嘌呤	中国热带农业科学院热带作物品种资源研究所
CN105580735A	一种可提高虎杖愈伤组织中白藜芦醇含量的培养液及培养方法	6-苄氨基嘌呤、6-糖基氨基嘌呤、萘乙酸、精胺、亚精胺、蔗糖	珀莱雅化妆品股份有限公司
CN105494378A	6-苄氨基嘌呤在制备抗荔枝霜疫霉药物中的应用	6-苄氨基嘌呤	中国科学院华南植物园
CN104886157B	一种嫁接处理剂及在茄科作物嫁接砧木上的应用	6-苄氨基嘌呤、玉米素，磷脂酰胆碱，碳酸氢钠	徐州千润高效农业发展有限公司
CN104193493B	一种果树生长调节剂	6-苄氨基嘌呤2～3 g/mL、赤霉素及营养液	南通金旺农业开发有限公司
CN103694037A	一种用于苹果树开花期定果药剂的配方及使用方法	赤霉酸、苄氨基嘌呤、芸苔素内酯、氨基酸水溶肥料	运城市信农联合农业科技有限公司
CN103828828B	一种含极细链格孢激活蛋白的植物生长调节组合物	极细链格孢激活蛋白与苄氨基嘌呤或芸苔素内酯或吲哚乙酸或超敏蛋白或赤霉酸	陕西汤普森生物科技有限公司
CN102907445A	一种控制灰毡毛忍冬嫩枝扦插育苗落叶率的药剂及方法	6-苄氨基嘌呤、2，4-二氯苯氧乙酸钠和复硝酚钠	湖南省林业科学院

（续表）

公开(公告)号	标题	摘要	当前申请(专利权)人
CN102805087B	一种用于豆类芽菜生长的水剂的使用方法	赤霉素、6-苄氨基嘌呤	江苏丰源生物工程有限公司
CN105519527A	一种含三十烷醇的植物生长调节组合物	三十烷醇与苄氨基嘌呤或芸苔素内酯或胺鲜酯或腐植酸	陕西美邦药业集团股份有限公司
CN103250710B	一种含胺鲜酯与苄氨基嘌呤的植物生长调节剂组合物	胺鲜酯与苄氨基嘌呤	陕西美邦药业集团股份有限公司
CN102515948A	一种植物防冻剂及其制备方法	多效唑、6-苄氨基嘌呤、芸苔素及其他	大千生态环境集团股份有限公司
CN101696374B	啤酒大麦制麦中促进发芽的方法	芸苔素内酯、6-苄氨基嘌呤、赤霉素	杨晖
CN101243741A	解除地乌根状茎休眠的方法	6—苄氨基嘌呤	广州康和药业有限公司

第六节　苄氨基嘌呤剂型产品配方与工艺实例

苄氨基嘌呤原药不溶于水和常规的多数有机溶剂，可溶于酸碱，做成可溶液剂。其化学性质稳定，亦可加工做成可湿性粉、悬浮剂、水分散粒剂等多种剂型使用。

一、5%6-苄氨基嘌呤可溶液剂

1. 产品组成（表3-6）

表3-6 5%6-苄氨基嘌呤可溶液剂产品组成

配方组成	各物料比例（%）	备注说明
6-苄氨基嘌呤原药	5（折百）	有效成分
助溶剂	10～60	溶解原药
分散剂	1～3	改善产品性状
润湿剂	0.5～2	润湿增效
防冻剂	3～5	防止低温析出
消泡剂	适量	控制泡沫量
去离子水	补足	载体/分散介质

2. 生产操作规程（图3-7）

（1）设备检查及领取原料　首先检查并确认所用的搅拌釜、贮存罐等设备相应阀门都处于关闭状态（确认生产线已清洁）。生产前将各原辅材料运至农药生产车间，进行生产备料。

（2）6-BA母液配制（现配现用）　将助溶剂抽入母液罐，开启搅拌，然后投入6-BA原药，搅拌至完全溶解，搅拌20 min，加入助剂，搅拌10 min。

（3）5%苄氨基嘌呤可溶液配制　将防冻剂和去离子水抽入反应釜，开启搅拌；将6-BA母液投入反应釜中，搅拌20 min。

（4）过滤　放料时过300目滤网，过滤后转移至贮存罐妥善储存，取样检测。

（5）成品包装　按生产要求调整好包装机，将检验合格的母料用提升机送至包装平台，开始装袋或装瓶、封口，并放入包装箱，封箱，成品包装完成。

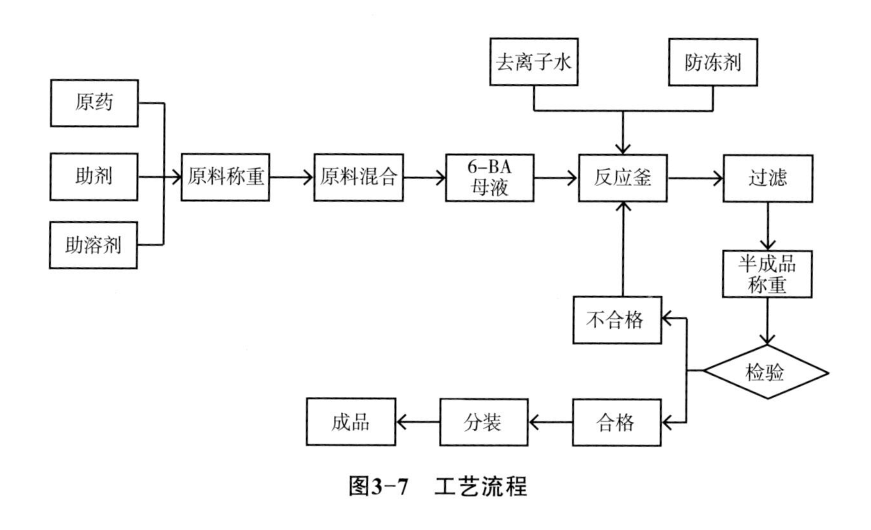

图3-7　工艺流程

二、3.6%苄氨基嘌呤·赤霉酸可溶液剂

1. 产品组成（表3-7）

表3-7　3.6%苄氨基嘌呤·赤霉酸可溶液剂产品组成

配方组成	各物料比例（%）	备注说明
赤霉酸（GA_{4+7}）原药	1.8（折百）	有效成分1
6-苄氨基嘌呤原药	1.8（折百）	有效成分2
助溶剂1	10～20	溶解原药
助溶剂2	10～20	溶解原药
防冻剂	3～5	防止低温析出
消泡剂	适量	控制泡沫量
填料	补足	载体/分散介质

2. 生产操作规程（图3-8）

（1）设备检查及领取原料　首先检查并确认所用的搅拌

釜、贮存罐等设备相应阀门都处于关闭状态（确认生产线已清洁）。生产前将各原辅材料运至农药生产车间，进行生产备料。

（2）6-BA母液配制（现配现用） 将助溶剂1抽入母液罐1，开启搅拌，然后投入6-BA原药，搅拌至完全溶解，搅拌20 min。

（3）赤霉酸母液配制（现配现用） 将助溶剂2抽入母液罐2，开启搅拌，投入赤霉酸原药，搅拌至完全溶解，搅拌20 min。

（4）3.6%苄氨·赤霉酸可溶液配制 将防冻剂和填料抽入反应釜，开启搅拌；将6-BA母液投入反应釜中，搅拌10 min；将赤霉酸母液投入反应釜中，搅拌10 min。

（5）过滤 放料时过300目滤网，过滤后转移至贮存罐妥善储存，取样检测。

（6）成品包装 按生产要求调整好包装机，将检验合格的母料用提升机送至包装平台，开始装袋或装瓶、封口、并放入包装箱，封箱，成品包装完成。

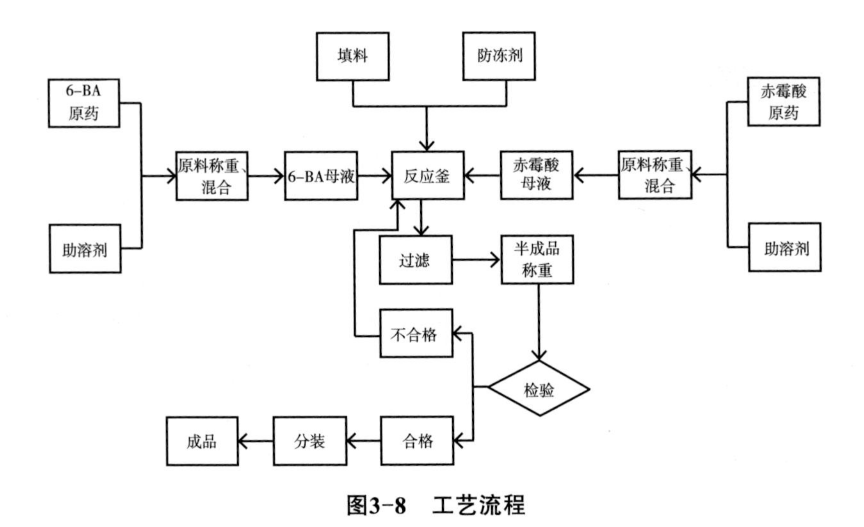

图3-8 工艺流程

三、10%苄氨·三十烷醇水分散粒剂

1. 产品组成（表3-8）

表3-8　10%苄氨·三十烷醇水分散粒剂产品组成

配方组成	各物料比例（%）	备注说明
苄氨基嘌呤原药	9.8（折百）	有效成分1
三十烷醇原药	0.2（折百）	有效成分2
分散剂	5～12	改善产品性状
润湿剂	1～5	润湿增效
黏结剂	4～6	增加成粒速率
消泡剂	适量	控制泡沫量
崩解剂	适量	崩解分散
填料	补足	载体/填料

2. 生产操作规程（图3-9）

（1）设备检查及领取原料　首先检查并确认所用的混合机、贮存罐、造粒机等设备相应阀门都处于关闭状态（确认生产线已清洁）。生产前将各原辅材料运至农药生产车间，进行生产备料。

（2）采用挤压造粒工艺生产　将原药、润湿剂、分散剂、黏结剂和填料等加入锥形混合机中混合50～60 min，之后物料通过气流粉碎机将物料气流粉碎至325目以上，粉碎后的物料在锥形混合机中再混合20～30 min；之后将物料加入高速混合机，加水捏合，湿物料通过挤压造粒机造粒，湿颗粒进入流化床干燥机干燥、通过振动筛筛分，半成品称重，取样检测产品各项指标。

（3）成品包装　按生产要求调整好包装机，将检验合格的

母料放入料车，将料车用提升机送至包装平台，开始装袋或装瓶、封口，并放入包装箱，封箱，成品包装完成。

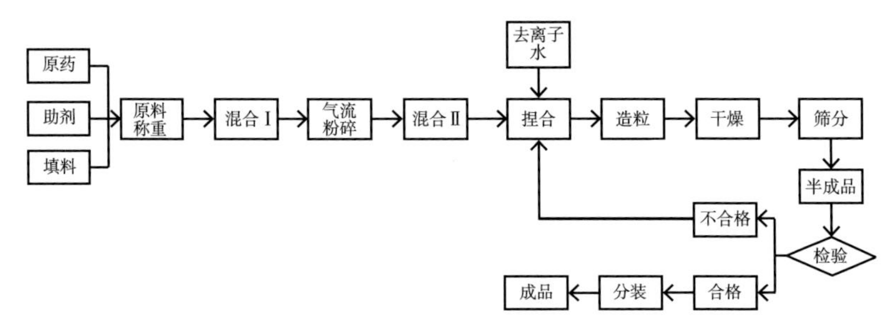

图3-9　工艺流程

第七节　苄氨基嘌呤应用实例展示

一、草莓

作物品种　红颜。

试验药剂　处理A，2%苄氨基嘌呤SL 1 500倍液；处理B，2%苄氨基嘌呤SL 500倍液；处理C，2%苄氨基嘌呤SL 500倍液+5%萘乙酸SL 7 812.5倍液；CK，清水。

施药时期　4～6片功能叶时喷施。

调查方法　开花时间、开花株数、花朵数、叶片数。

结论　2%苄氨基嘌呤SL 500～1 500倍液范围内，对整个植株安全，能诱导草莓花芽分化，促进早开花、多开花，开花株率达到40%以上；复配生长素萘乙酸处理诱导的花更多，效果更好，单株花数最高（图3-10）。

图3-10　不同处理对草莓的影响

二、甘蓝

试验药剂　处理A，2%苄氨基嘌呤SL 1 000倍液；CK，清水。

施药时期 3片叶时喷施1次。

调查方法 不进行浇水等管理条件下观测子叶状态及叶片衰老情况（图3-11）。

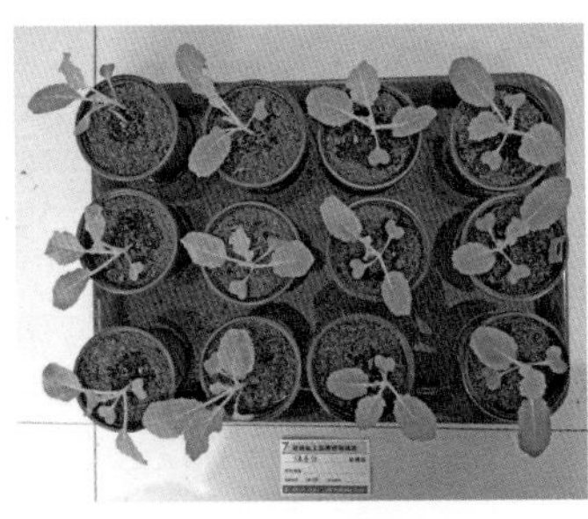

图3-11 施药当天

结论 药后18 d后，对照处理的子叶及下部叶片变黄枯萎，而苄氨基嘌呤处理过的子叶多数保持绿色，变黄脱落少，表明苄氨基嘌呤能够减缓叶片衰老，保持叶片绿色（图3-12）。

图3-12 不同处理药后18 d对甘蓝的影响

三、柑橘

1. 2%苄氨基嘌呤+4%赤霉酸可溶液促进柑橘坐果

试验药剂 处理A，2%苄氨基嘌呤SL2 000倍液+4%赤霉酸SL1 000倍液；处理B，2%苄氨基嘌呤SL1 000倍液+4%赤霉酸SL2 000倍液；CK，清水。

施药时期 柑橘花落80%时第1次保果，2%苄氨基嘌呤SL+4%赤霉酸SL全株喷施，间隔15 d第2次保果，使用相同剂量，重点喷施幼果。

调查方法 观察坐果情况。

结论 喷施2%苄氨基嘌呤可溶液及赤霉酸药液，可显著提高坐果率、果大均匀、果面光滑、畸形果少、商品价值高（图3-13）。

图3-13 施用药剂对柑橘的影响

2. 2%24表·苄氨基嘌呤WG促进砂糖橘果实膨大

作物品种　3年生砂糖橘。

试验药剂　处理A，2%24表·苄氨基嘌呤WG3 000倍液；处理B，2%24表·苄氨基嘌呤WG2 000倍液；CK，清水。

施药时期　柑橘花落80%时第1次施药，间隔15 d第2次施药，全株喷施。

调查方法　观察坐果情况。

结论　喷施2%24表·苄氨基嘌呤WG2 000～3 000倍液，可显著提高坐果率、幼果转绿快，果大均匀，果面光滑，畸形果少，商品价值高（图3-14）。

图3-14　施用药剂对柑橘的影响

3. 2%24表·苄氨基嘌呤WG促进沃柑果实膨大

作物品种　沃柑。

试验药剂　处理A，2%24表·苄氨基嘌呤WG2 000倍液；CK，清水。

施药时期　谢花80%时第1次施药，间隔15 d，进行第2次施药，全株喷施。

调查方法　观察果实膨大情况，测定可溶性固形物含量。

结论　连续使用2次2%24表·苄氨基嘌呤WG2 000倍液，可显著提高沃柑坐果率，果更大，果面光滑。平均果横径75.68 mm，平均单果重122 g，平均可溶性固含物含量13.1%（图3-15）。

图3-15　不同处理对沃柑的影响

四、冬枣

1. 2%苄氨基嘌呤可溶液剂促进冬枣坐果

试验药剂　处理A，2%苄氨基嘌呤SL2 000倍液；处理B，2%苄氨基嘌呤SL1 000倍液；CK，清水。

施药时期 盛花期全株喷施，间隔7～10 d，共喷施2次。

调查方法 观察坐果、膨果情况，测定果实品质等指标。

结论 2%苄氨基嘌呤SL1 000～2 000倍液可以提高冬枣坐果率、果大均匀、果面光洁、脱青好、转色快、畸形果少、口感好、商品价值高（图3-16）。

图3-16 不同处理对冬枣的影响

2. 2%24表·苄氨基嘌呤水分散粒剂促进冬枣坐果膨果

试验药剂 处理A，2%24表·苄氨基嘌呤WG；CK，清水。

施药时期 谢花80%第1次施药，间隔13 d，共喷施2次，全株喷施。

调查方法 观察坐果、膨果情况。

结论 使用2%24表·苄氨基嘌呤WG可以提高坐果率，果大均匀，增加产量，商品价值高（图3-17）。

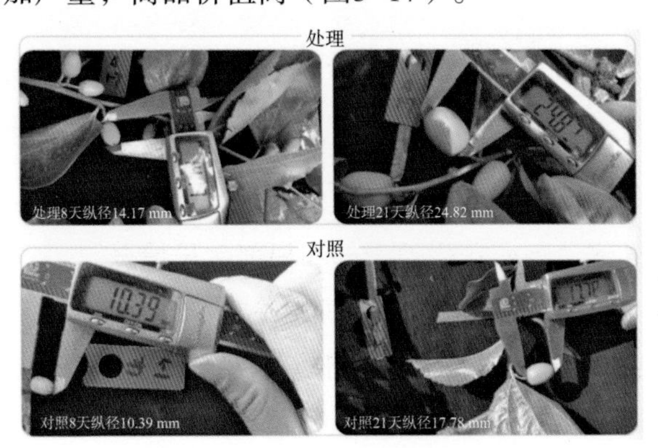

图3-17 施用药剂对冬枣的影响

五、辣椒

作物品种　朝天椒。

试验药剂　处理A，2%苄氨基嘌呤SL1 000倍液；CK，清水。

施药方法　全株喷施。

调查方法　观察分枝情况，测定果实品质等指标。

结论　2%苄氨基嘌呤SL1 000倍液可以提高辣椒有效分枝数，分枝均匀、植粗植壮；果大果匀、着色早、着色均匀，果实颜色鲜红（图3-18）。

图3-18　不同处理对辣椒的影响

六、花生

试验药剂　处理A，2%苄氨基嘌呤SL2 000倍液；CK，清水。

施药方法　初花期全株喷施。

调查方法　观察花生地上部和根部生长情况。

结论　花生喷施2%苄氨基嘌呤SL2 000倍液可以绿叶抗逆，植株健壮，主根深扎，侧根群发，分枝分叉多，荚果饱满（图3-19）。

图3-19　不同处理对花生的影响

七、苹果

1. 2%24表·苄氨基嘌呤水分散粒剂促进苹果果实膨大

试验药剂　处理A，2%24表·苄氨基嘌呤WG6 500倍液；CK，清水。

施药时期　盛花期和幼果期全株喷施，连续2次，间隔25 d。

调查方法　观察果实膨大情况。

结论　连续使用2次2%24表·苄氨基嘌呤WG倍液，对苹果具有显著膨大效果，果型更好（图3-20）。

图3-20　不同处理对苹果的影响

2. 3.6%苄氨·赤霉酸可溶液剂促进苹果果实膨大

试验药剂　处理A，3.6%苄氨·赤霉酸SL1 200倍液；CK，清水。

施药时期　盛花末期喷施1次，连续2次，间隔10～15 d，全株喷施。

调查方法　观察果实膨大情况。

结论　连续使用2次3.6%苄氨·赤霉酸SL1 200倍液，对苹果具有显著膨大效果，果型更好，横径平均增长34.21 mm，纵经平均增长32.04 mm，高桩果率提高20%（图3-21）。

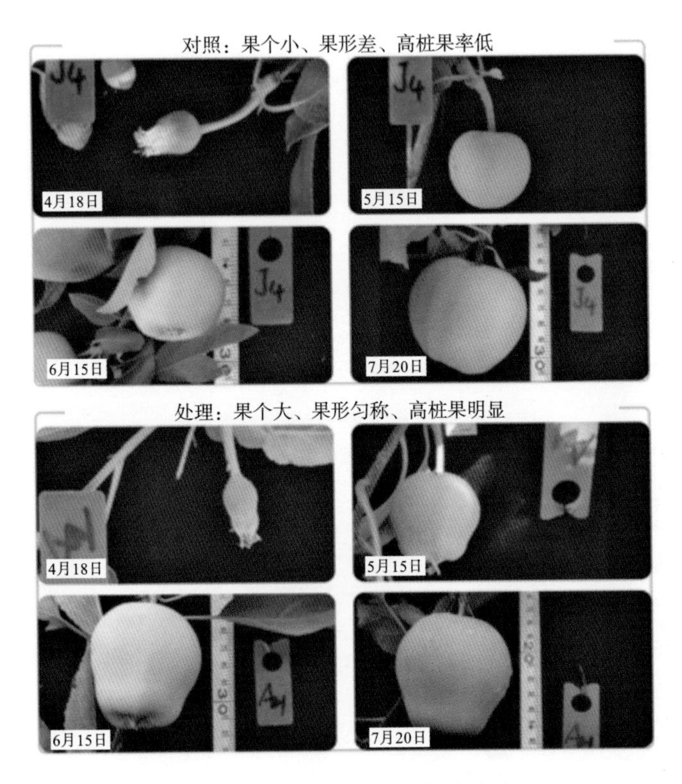

图3-21　不同处理对苹果的影响

八、荔枝

试验药剂　处理A，3.6%苄氨·赤霉酸SL3 000倍液；CK，清水。

施药时期　第2次生理落果后第1次施药，间隔10 d，进行第2次施药，稀释3 000倍全株喷施。

调查方法　观察果实膨大情况。

结论　连续使用2次3.6%苄氨·赤霉酸SL3 000倍液，药后1个月，可显著提高荔枝坐果率，果更大，果面光滑。平均果

实横径增长15.33 mm，平均纵径增长20.99 mm，平均单果重19.01 g，不影响转色，增产增收，果实品质好（图3-22）。

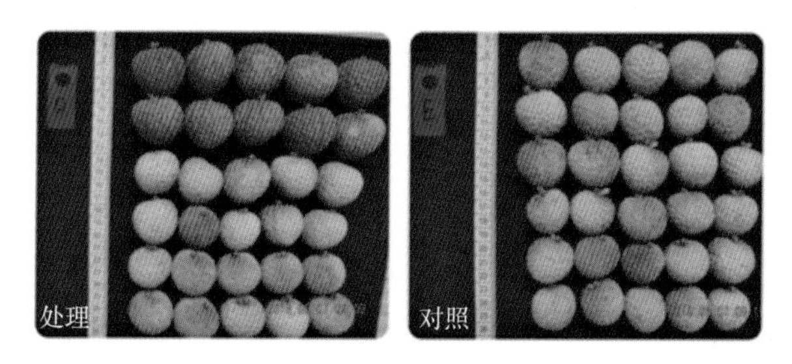

图3-22　不同处理对荔枝的影响

九、芒果

试验药剂　处理A，3.6%苄氨·赤霉酸SL3 000倍液；CK，清水。

施药时期　果实黄豆大小开始使用，连续4～5次，间隔7 d，稀释3 000倍液全株喷施。

调查方法　观察果实膨大情况。

结论　连续使用3.6%苄氨·赤霉酸SL3 000倍液，药后2个月，可显著提高芒果坐果率，果更大，平均果实横径增长65.45 mm，平均纵径增长40.37 mm，平均单果重164.73 g，增产增收，果实品质好（图3-23）。

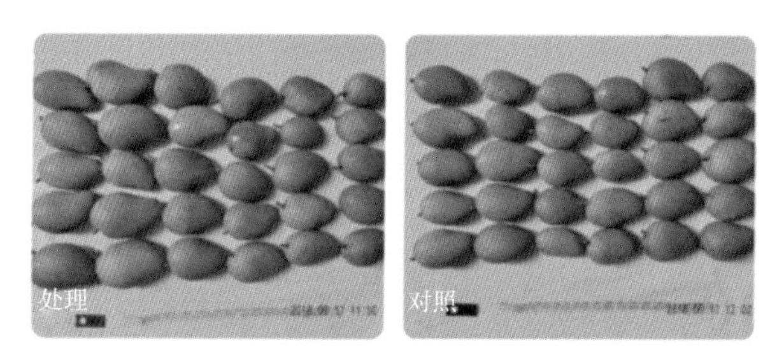

图3-23　不同处理对芒果的影响

十、茉莉花

试验药剂 处理A，2%24表·苄氨基嘌呤WG2 000倍液；CK，清水。

施药方法 全株喷施。

调查方法 观察茉莉花生长情况。

结论 2%24表·苄氨基嘌呤WG2 000倍液处理过的茉莉花，花柄增长，花多、花白、花大，可连续采摘，增产效果明显（图3-24）。

图3-24 不同处理对茉莉花的影响

第八节 苄氨基嘌呤应用展望及注意事项

一、使用注意事项

1.苄氨基嘌呤用于浸种处理，低浓度促进种子萌发，高浓度会出现抑制作用。

2.苄氨基腺嘌呤用作绿叶保鲜，单独使用有效果，与赤霉素混用效果更好。

3.苄氨基腺嘌呤用作疏果剂，使用浓度与品种、时期、温度、湿度有关。

4.苄氨基嘌呤用作膨果剂，使用剂量与作物品种有关，在桃、李、杏上使用浓度不宜超过40 mg/L；辣椒上不超过30 mg/L；灰枣、冬枣不超过20 mg/L，骏枣对苄氨基嘌呤较敏感，不推荐使用。

二、具有应用潜力的苄氨基嘌呤复配技术

苄氨基嘌呤属于细胞分裂素类别，作用较温和且在植物体内移动性小。因此，在实际应用中，常常通过复配的形式推广应用。

1. 苄氨基嘌呤+GA_3/GA_{4+7}

苄氨基嘌呤与赤霉酸GA_3复配应用于保花保果和保鲜方面具有显著的增效作用。例如能够有效促进梨、柑橘、黄瓜、辣椒、葡萄、枣等作物保花保果，用于叶菜、花卉等作物延缓衰老；苄氨基嘌呤与赤霉酸GA_{4+7}复配应用，在苹果和樱桃上应用可以增加幼树短枝形成的比例，提高作物结果潜力，同时能够调节红富士苹果果型、促进果实膨大。苄氨基嘌呤与赤霉酸的比例多为1∶1，剂型一般为可溶液剂。

2. 苄氨基嘌呤+萘乙酸

单用苄氨基嘌呤在适宜浓度下，可有效疏除苹果多余的花果，调整适宜的挂果量。但与其他疏果剂萘乙酸相比，苄氨基嘌呤疏除效果略差但单果重略高于萘乙酸。同时，在多雨气候条件的地区应用时，有疏果效果的同时会促进腋芽发芽，诱发副梢产

生，影响树形。而将苄氨基嘌呤与萘乙酸复配应用时，则在稳定疏果效果的同时有效避免腋芽萌发。

3. 苄氨基嘌呤+三十烷醇

在小麦、水稻、大豆、花生等幼穗分化期及籽粒灌浆期，使用苄氨基嘌呤与三十烷醇复配混用喷施处理，在增加穗粒数、穗重方面具有增效作用。尤其在花生上，显现出了明显的防早衰效果，有利于产量的提高。

4. 苄氨基嘌呤+芸苔素内酯

苄氨基嘌呤属于细胞分裂素类物质，能显著促进细胞分裂。而芸苔素内酯具有促进细胞分裂和伸长的双重功效，两者复配使用在促进细胞分裂、诱导芽分化方面具有增效作用。此外，芸苔素内酯通过调节植物内源生长素的平衡，与细胞分裂素协同影响植物的生长发育；同时，在促进叶片生长方面，6-BA能够延缓叶绿素的降解速度，芸苔素内酯则通过促进代谢酶活性、提高光合速率的同时有利于光合产物的运输，两者综合作用下，维持了植株中较高的叶绿素水平，有效防止作物早衰。

第四章

吲哚丁酸（钾）

第一节　吲哚丁酸（钾）产品简介

【中文通用名称】吲哚丁酸（钾）

【英文通用名称】IBA；3-Indolebutyric acid

【商品名称】瑞护

【化学名称】4-吲哚-3-基丁酸（钾）

【CAS号】酸：133-32-4；钾盐：60096-23-3

【化学结构式】

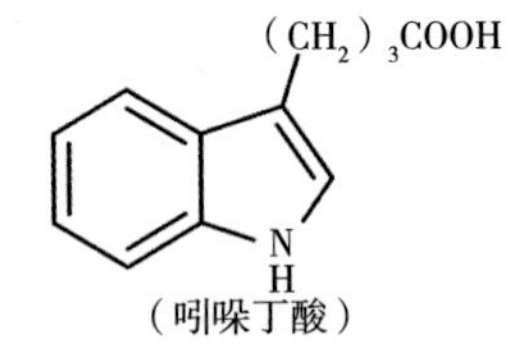

（吲哚丁酸）

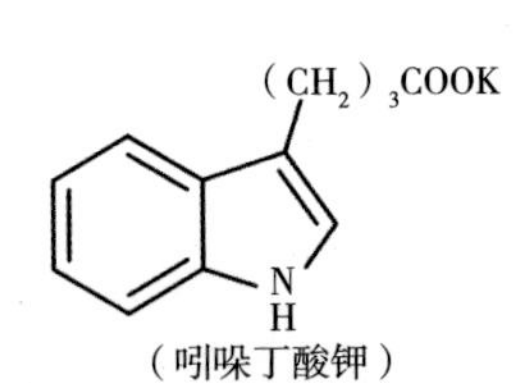

（吲哚丁酸钾）

【分子式】吲哚丁酸：$C_{12}H_{13}NO_2$；钾盐：$C_{12}H_{12}KNO_2$

【相对分子量】吲哚丁酸：203.24；钾盐：241.33

【理化性质】吲哚丁酸为白色至淡黄色结晶固体，熔点124～125℃（酸）；蒸气压<0.01MPa（25℃），微溶于水，在水中溶解度（20℃）为50 mg/L，可溶于乙醇、丙酮、苯等有机溶剂；在酸性介质中稳定，碱性条件下成盐，见光易分解。吲哚丁酸钾为类白色结晶粉，易溶于水，在中性、碱性介质中稳定，对光、热相对稳定。

【毒性】98%吲哚丁酸原药急性毒性试验结果为：对成年大鼠雄/雌的急性经口毒性LD_{50}>5 000 mg/L，属微毒性；对成年大

鼠雄/雌的急性经皮毒性LD_{50}>2 000 mg/L，属低毒性；对成年大鼠雄/雌的急性吸入毒性LC_{50}>2 000 mg/m^3，属低毒性；致突变性（体内和体外）试验结果为对哺乳动物无致畸、致突变性。

【环境生物安全性评价】对鸟类日本鹌鹑急性经口毒性有效浓度LD_{50}（7 d）>2 000 mg/L，属低毒性；对蜜蜂急性经口毒性有效浓度LD_{50}（48 h）为30.35 μg/蜂，属低毒性；对鱼类斑马鱼急性毒性有效浓度LC_{50}（96 h）>100 mg/L，属低毒性；对大型溞急性毒性有效浓度EC_{50}（48 h）>100 mg/L，属低毒性。

【产品及规格】98%原药，1 kg/袋×25袋/桶。

第二节　98%吲哚丁酸原药质量控制

98%吲哚丁酸原药执行《吲哚丁酸原药》（NY/T 4089—2022），各项目控制指标应符合表4-1要求。

表4-1　98%吲哚丁酸原药质量标准

检测项目	指标	检测方法及标准
外观	白色至淡黄色粉末	目测
吲哚丁酸质量分数（%）≥	98.0	液相色谱法
pH值范围	3.0～6.0	《农药pH值的测定方法》（GB/T 1601—1993）
水分（%）≤	0.5	《农药水分测定方法》（GB/T 1600—2007）
丙酮不溶物（%）≤	0.2	《农药丙酮不溶物的测定方法》（GB/T 19138—2003）

其中，主要检测项目的具体检测方法如下。

一、吲哚丁酸质量分数的测定

试样用流动相溶解，以甲醇和磷酸水溶液为流动相，使用C_{18}为填充物的不锈钢柱和PDA检测器，在221nm波长下对试样中的吲哚丁酸进行高效液相色谱分离和测定（可根据不同仪器特点对给定操作参数作适当调整，以期获得最佳效果）。

典型的吲哚丁酸标样、吲哚丁酸试样高效液相色谱图见图4-1、图4-2。

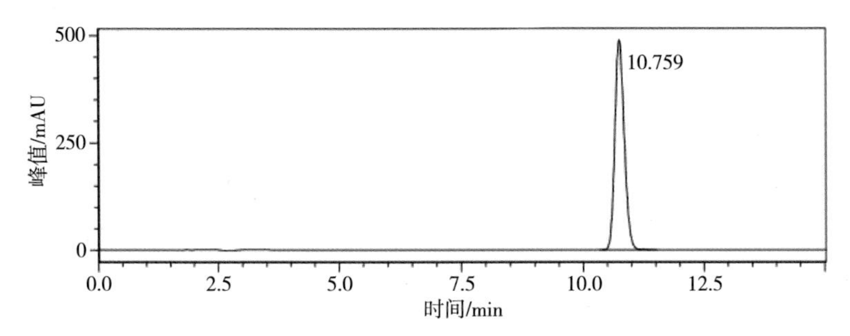

图4-1　吲哚丁酸标样高效液相色谱图

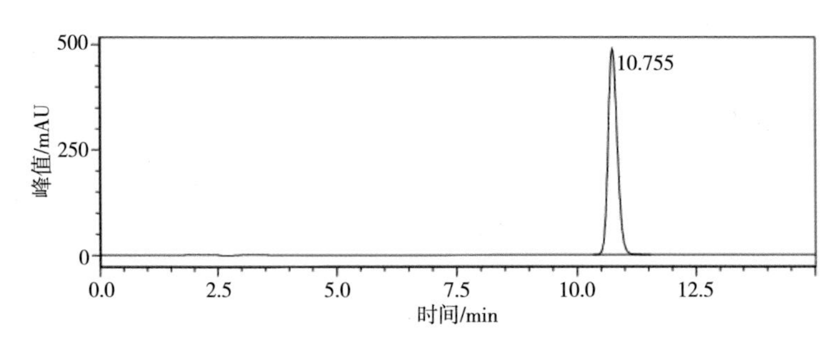

图4-2　吲哚丁酸试样高效液相色谱图

二、水分的测定

按《农药水分测定方法》（GB/T 1600—2001）中的“卡尔·费休法”进行。

三、pH值的测定

按《农药pH值的测定方法》（GB/T 1601—1993）进行。

四、丙酮不溶物的测定

按《农药丙酮不溶物的测定方法》（GB/T 19138—2003）进行。

第三节　吲哚丁酸（钾）的功能作用

一、作用机理

吲哚丁酸（钾）属生长素类植物生长调节剂，作用机理同植物内源生长素吲哚乙酸一致，可促进细胞的分裂、伸长、扩大，诱导根原体的形成，有利于新根生长和维管束系统的分化，促进插条不定根的形成；也可促进RNA合成，吸引和调运养分向处理部位转移，调节根、花、果的发育。

二、功能特点

吲哚丁酸（钾）属生长素类植物生长调节剂，可经植株的根、茎、叶、果吸收。

1. 诱导根原组织分化，刺激发根，增加侧根萌发数量

吲哚丁酸可经极性运输到中柱鞘细胞并在其中积累到一定浓度，诱导细胞持续分裂、生长和分化，促进侧根原基和侧根形

成，从而显著促进不定根的形成速度和数量。同时，吲哚丁酸因为不受植物内源吲哚乙酸氧化酶影响，不会被氧化而失去活性，因此，相比内源生长素吲哚乙酸而言，吲哚丁酸生物活性持续时间较长、应用效率更高，更适宜农业生产应用。

2. 促进细胞伸长，调节各器官组织生长，并具有低浓度促进高浓度抑制的特点

吲哚丁酸作为一类生长素类物质，可以活化质膜上的H^+-ATP酶，酸化细胞壁，促进细胞壁松弛，促进细胞伸长。其在高浓度下，可诱导内源乙烯的产生，从而具有低浓度促进高浓度抑制的特性。

3. 提高营养元素的吸收和运转，调节营养生长和生殖生长

生长素类物质可以促进果实的发育最经典的试验是在草莓上进行的，草莓的种子是一种瘦果，去掉草莓的种子会抑制果实的膨大，利用生长素处理又会恢复果实的正常生长，这就说明种子是促进果实膨大的生长素供应源，也能够说明，生长素具有很强的吸引和调运养分的能力。

三、应用方向

吲哚丁酸作为一种生物调节剂，与其他生长素类相比具有无残留、性能温和、安全性好等应用优势，是近几年最具登记和应用热点的生长素类物质。与萘乙酸钠功能类似，但安全性优于萘乙酸（钠），复配可扩大应用范围，提高药效，提高安全性（表4-2）。

吲哚丁酸具有生长素类物质促生根的基本功能，能够发挥出促进种子发根、插条扦插生根和蔬菜移栽成活的主流价值优势。此外，它在促进花果发育、增产抗逆方面的应用越来越广（图4-3）。

表4-2　吲哚丁酸与其他生长素类产品的应用特性对比

产品名称	移动性	生物活性	安全性	应用方向
吲哚乙酸	大	易光解、持续时间短	高	作用广谱，生根、促长
萘乙酸（钠）	大	活性强	高浓度易产生药害	促进生根、果实发育
吲哚丁酸（钾）	小	活性强	相对高	促进生根、果实发育
对氯苯氧乙酸（钠）	小	高	与使用浓度、次数、温度相关	促进坐果
2, 4-D	大	活性高	与使用浓度、次数、温度相关，对双子叶敏感	促进坐果和果实发育高浓度为除草剂
萘乙酰胺	小	相对较低	与使用温度相关	生根、疏花疏果
萘氧乙酸	小	低	与处理部位相关	生根

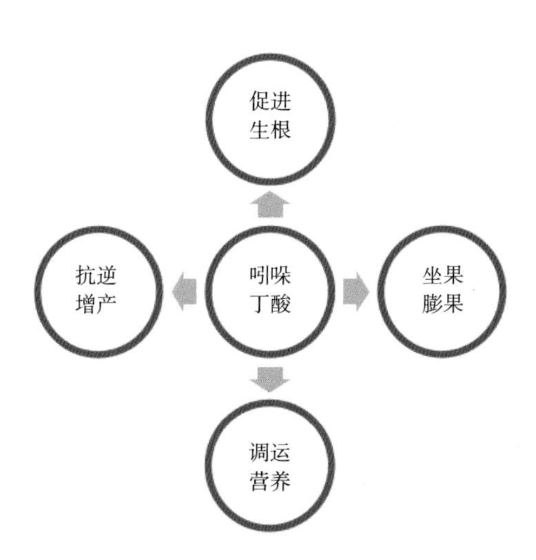

图4-3　吲哚丁酸的主要应用方向

第四节　吲哚丁酸的应用技术

一、调节生长、保花保果

1. 水稻

用12～24 mg/L吲哚丁酸在水稻一叶一心期及三叶一心期各喷雾1次，促进生根、增产增收。6%萘乙酸·吲哚丁酸水剂的1 500倍稀释液浸种12 h可增加有效穗数和穗实粒数，增产效果较为明显。

2. 黄瓜

萘乙酸0.3～0.5 mg/L复配吲哚丁酸1.4～2.1 mg/L，在黄瓜移栽成活后（3～4叶期）和初花期，各喷雾施药1次，诱导形成不定根，增加坐果率，防止落果等。

3. 小麦

用2.25～3 mg/L吲哚丁酸在小麦三叶一心到四叶一心期叶面喷施1次，返青期喷施第2次，可促进根系生长，提高幼苗素质，健壮植株。

4. 玉米

用15～20 mg/L吲哚丁酸浸种5～8 h，晾干后播种，可调节生长促进生根发芽。

5. 番茄、辣椒、茄子、甜椒等茄果类

用250 mg/L浓度的吲哚丁酸浸或喷花喷果，可以促进单性结实，提高坐果率，调节作物生长。

6. 无花果

用250 mg/L浓度的吲哚丁酸浸或喷花喷果，可以促进单性结实，提高坐果率。

7. 草珊瑚

应用吲哚丁酸溶液浸种草珊瑚种子20 min，可促进发芽率提高5.64%。

8. 小球藻

20 mg/L的吲哚丁酸钾能够显著促进藻细胞生长和增加光合色素合成，40 mg/L的吲哚丁酸钾则开始抑制其生长，对光合色素合成则无显著影响。

9. 红景天

100 mg/L吲哚丁酸浸泡高山红景天种子20 min处理可促进发芽势和发芽率的提高。

10. 毛竹

500 mg/L吲哚丁酸溶液浸种毛竹种子12 h，可提高发芽率、苗木萌芽出土率、苗木生长量、苗径、出笋率、苗竹冠。

11. 假俭草

100 mg/L吲哚丁酸浸种30 min，可提高假俭草撒播茎段的生根效率，缩短生根时间，促进成活。

12. 烟草

霍格兰营养液+0.4 mg/L吲哚丁酸液，漂浮育苗可有效促进根系干重及壮苗指数。

13. 苍术

100 mg/L吲哚丁酸浸种2 h，可提高关苍术种子发芽率、发芽势和出苗率。

14. 苦瓜

1～5 mg/L吲哚丁酸溶液浸种24 h，可提高种子的发芽率、发芽势和发芽指数。

15. 葫芦

1～5 mg/L吲哚丁酸溶液浸种24 h，可提高种子的发芽率、发芽势和发芽指数。

16. 白花泡桐

100 mg/L吲哚丁酸浇灌白花泡桐，叶片内丙二醛含量下降，可溶性蛋白含量增加，SOD活性和POD活性明显上升。

17. 长白落叶松

30～180 mg/L吲哚丁酸溶液浸种24 h，发芽率、发芽势和发芽指数均有所提高，当浓度过高时，抑制种子萌发；20 mg/L处理种子发芽率最高，有利于促进种子萌发，增加播种后出苗数。

18. 高加索三叶草

50 mg/L、100 mg/L、400 mg/L吲哚丁酸溶液浸种12 h，可以显著提高种子活力指数；2 000 mg/L浸泡根蘖1 h，可加快植株生长速率。

19. 葡萄

500 mg/L吲哚丁酸溶液速蘸插条，扦插苗成活率最高，并且对新梢长度、新梢粗度、新梢节长、百叶重等扦插苗枝蔓生长有良好促进效果。

20. 微型月季

100 mg/L萘乙酸+100 mg/L吲哚丁酸溶液速蘸插穗基部5s，对芳香王阳台月季扦插生根及腋芽萌发具有明显促进作用；100 mg/L吲哚丁酸溶液速蘸插穗基部5s，对红宝石月季扦插生根及腋芽萌发具有一定促进作用。

21. 狼尾草

0.3%吲哚丁酸溶液速蘸处理扦插茎段，可促进幼苗的生长。

22. 刺槐和红花槐

10～50 mg/L吲哚丁酸处理种子，种子长期浸润在药液内，可有效提高发芽率和发芽势。

23. 草地早熟禾

外源2μmol/L吲哚丁酸溶液，可促进草地早熟禾的生长、提高其对干旱胁迫的耐受性。

24. 金花茶

30 mg/L吲哚丁酸钾溶液，在劈接方式上对穗条的分生组织促进作用明显。

25. 冬虫夏草子实体

菌液内加入1～100μg/mL吲哚丁酸可显著促进子实体干重。

26. 油菜

1%吲哚丁酸·诱抗素液稀释250倍叶面喷施佳油1号品种油菜，可有效促进增产。

二、促进移栽成活、插条生根

1. 杨树

用80～100 mg/L浸泡插条基部8～12 h，促进插条生根。

2. 无花果

用500 mg/L吲哚丁酸药液浸泡插条2 h，可使愈伤组织形成时间提前，生根率提高13.3%。

3. 木槿

用3 000 mg/L吲哚丁酸药液速蘸插条5s，海滨木槿绿枝插穗生根率达到97%以上。

4. 桄榔

用吲哚丁酸150 mg/L浸泡种子24 h处理，提高桄榔种子的发芽率。

5. 龙船花

用萘乙酸200 mg/L+吲哚丁酸400 mg/L速蘸15s，处理后的版纳龙船花穗条扦插的生根率可达86%。

6. 冬青

吲哚丁酸2 000 mg/L速蘸10s处理插穗生根率和存活率均在88%以上。

7. 罗汉松

用60 mg/L吲哚丁酸药液浸泡罗汉松插条基部2 h，促进水培罗汉松生根。

8. 榛子

用1 200 mg/L吲哚丁酸药液速蘸枝条，提高大果榛子插条的生根率。

9. 香樟

用3 000 mg/L吲哚丁酸药液速蘸处理香樟插穗，提高樟树插穗的生根能力。

10. 山茉莉

用3 000 mg/L吲哚丁酸药液速蘸处理西藏山茉莉，可提高扦插生根成活率。

11. 接骨木

用100 mg/L吲哚丁酸药液浸泡枝条30 min，可促进金叶接骨木插穗生根。

12. 七叶莲

用300 mg/L吲哚丁酸速蘸10s处理七叶莲嫩枝，具有较好的生根效果。

13. 金叶榆

用400 mg/L的吲哚丁酸速蘸3s左右，可提高扦插成活率。

14. 郁金香

用50 mg/L的吲哚丁酸浸泡1 h，可使生根率大幅提高。

15. 茶树

用20 ~ 40 mg/L浓度的吲哚丁酸浸泡枝（插枝下端3 ~ 4 cm）3 h，可促进枝条生根，提高插枝成活率。

16. 苹果、梨、桃树等果木类

用50 mg/L浓度的吲哚丁酸浸新枝24 h或以1 000 ~ 2 000 mg/L浸泡枝3 ~ 5s，可促进枝条生根，提高插枝成活率。

17. 枣树

于5月下旬到6月下旬采集嫩枝枣头，应用1 000 mg/L的吲哚丁酸溶液浸蘸5 ~ 10s，可促进茎段快速生根。

18. 桑

新枝以5 mg/L浸24 h或以1 000 mg/L浸泡枝3s，硬枝以100 mg/L浸泡24 h或2 000 mg/L浸泡枝3s，可促进枝条生根，提高插枝成活率。

19. 柳杉、日本扁柏、桧柏、侧柏等杉柏类

用100 mg/L浓度的吲哚丁酸浸泡枝条24 h，可以促进枝条生根，提高插枝成活率。

20. 葡萄

用5 ~ 20 mg/L浓度的吲哚丁酸浸泡枝24 h，可促进枝条生根，提高插枝成活率。

21. 松树类

用50 mg/L浓度的吲哚丁酸浸泡一年生小枝16 h，可促进枝条生根，提高插枝成活率。

22. 杜鹃

用100 mg/L浸泡枝3 h，可促进枝条生根，提高插枝成活率。

23. 黄杨

用50 ~ 100 mg/L浸泡枝3 h，可促进枝条生根，提高插枝成活率。

24. 胡椒

以25～50 mg/L浸泡枝12～24 h，可促进枝条生根，提高插枝成活率。

25. 柑橘

用含1 000 mg/L水溶液处理空中压条，可促进枝条生根，提高插枝成活率。

26. 中华猕猴桃

以200 mg/L浸泡枝3 h，可促进枝条生根，提高插枝成活率。

27. 人参

以10～80 mg/L淋洒土壤，可促使移栽后早生根、根系发达。

28. 树苗

以10～80 mg/L淋洒土壤，可促使移栽后早生根、根系发达。

29. 天目琼花

200 mg/L浓度处理2 h，显著提高生根率。

30. 桢楠

用300 mg/L的IBA处理桢楠插穗3～12 h，生根质量提高。

31. 闵楠

用600 mg/LIBA浸泡插穗6 h处理，生根率最高。

32. 华山松

以100～400 mg/L吲哚丁酸浸泡插条60 min，可提高生根率。

33. 西南桦

1.0 g/L吲哚丁酸速蘸处理嫩枝的扦插生根效果好。

34. 蒜头果

1 000 mg/L吲哚丁酸钾溶液速蘸扦插处理插穗，生根率高。

35. 黄金香柳

以200 mg/L浓度的吲哚丁酸溶液浸泡穗条4 h后，扦插成活率高。

36. 忍冬

100 mg/L的吲哚丁酸浸泡60 min，插穗生根效果好。

37. 迎春花

50 mg/L的吲哚丁酸溶液浸泡插条30 min后，进行扦插的生根效果最好。

38. 金樱子

100 mg/L萘乙酸+100 mg/L吲哚丁酸浸泡插条基部1 h，可提高出苗率，成苗品质稳定。

39. 文昌锥

1 000 mg/L萘乙酸+1 000 mg/L吲哚丁酸+1.0 mg/L 2, 4-D+2.5 mg/L复硝酚钠浸蘸插穗基部30 s，可有效促进生根及成活率。

40. 蓉城竹

1 000 mg/L吲哚丁酸速蘸处理、扦插生根效果好。

41. 红叶石楠

200 mg/L的吲哚丁酸处理红叶石楠插条，生根效果好。

42. 蓝莓

400 mg/L吲哚丁酸单独处理或400 mg/L吲哚丁酸+10 mg/L乙烯利组合，蓝莓苗30s速蘸根，生根效果好。

43. 三角梅

5 000 ~ 7 500 mg/L吲哚丁酸液，浸泡10 min最适白雪公主品种嫩枝扦插生根，7 500 ~ 10 000 mg/L吲哚丁酸液浸泡5 min，最适橙红和水红品种嫩枝生根。

44. 花楸

500 mg/L吲哚丁酸+500 mg/L吲乙·萘乙酸速蘸花楸枝条，3 ~ 5 s取出，花楸扦插成活率好。

45. 木奶果

300 mg/L萘乙酸+600 mg/L吲哚丁酸+8 g/L蔗糖+5 g/琼脂L浸泡枝条底部2 h，可有效促进木奶果枝条生根。

46. 石蒜

100 mg/L吲哚丁酸液浸泡鳞茎6 h，扦插处理安徽石蒜，可有效促进子球繁殖，且子球重量、叶片数、生根数较高。

47. 洋葱

10～15 mg/L吲哚丁酸，全营养液水培分蘖洋葱可有效促进根长的伸长。

48. 紫薇

1 500 mg/L的吲丁·萘乙酸（1：1）溶液速蘸根部，可有效促进仑山1号嫩枝扦插生根。

49. 木通

300 mg/L吲哚丁酸速蘸30s，可有效促进木通扦插生根。

50. 红叶紫薇

1～1.5 g/L吲哚丁酸可有效促进插穗生根，嫩枝扦插最佳吲哚丁酸浓度为1 g/L，硬枝扦插的吲哚丁酸最佳浓度为1.5 g/L。

51. 荔枝

50 mg/L吲哚丁酸溶液与泥搅拌后作为生根基质包埋驳枝部位，生根效果最好，表现为不定根数量多而长。

52. 平欧大果榛子

以125～166 mg/L的吲哚丁酸溶液速蘸10 s处理后，促进毛根数量多，根系发达、活率高。

53. 月季

150～250 mg/L吲哚丁酸液浸泡插穗基部10 min，可促进月季单芽扦插成活率。

54. 大叶女贞

50～200 mg/L吲哚丁酸液慢浸1 h或300 mg/L速蘸10 s，可有效提高一年生萌条生根率及最长根长，200 mg/L效果佳。

55. 紫叶稠李

扦插后全光喷雾200～500 mg/L吲哚丁酸，可有效提高生根率、根数及根长。

56. 油茶

10～50 mg/L吲哚丁酸液浸泡6 h油茶短穗，可有效提高扦插的成活率、根量和根长。

57. 广藿香

50～200 mg/L吲哚丁酸液扦插处理，可有效促进广藿香插穗的生根效率。

58. 栀子

300 mg/L吲哚丁酸+300 mg/L萘乙酸溶液浸泡插穗基部30 min，大花栀子生根数量、生根率、生根质量好；500 mg/L吲哚丁酸+500 mg/L萘乙酸溶液适宜于小叶栀子生根，其生根数量、生根率、生根质量在各种处理组中表现最优。

59. 巴东胡颓子

150 mg/L萘乙酸、200 mg/L吲哚丁酸和200 mg/L萘乙酸+吲哚丁酸慢浸4 h，可提前生根；500 mg/L萘乙酸速蘸5 s或以1 000 mg/L吲哚丁酸速蘸2 s，或以1 000 mg/L萘乙酸+吲哚丁酸速蘸2 s，可提高生根率。

60. 黑果腺肋花楸

插穗20 mg/L、60 mg/L、100 mg/L浸蘸60s，提前始生根时间、促进生根率、生根数量和根长，20 mg/L效果最佳。

61. 金丝皇菊

5 000倍吲哚丁酸稀释液浸泡插穗基部2 h，可有效促进生根。

62. 杉木

剪根1/3长度+25 mg/L 6-苄氨基嘌呤+100 mg/L萘乙酸+50 mg/L吲哚丁酸，浸泡30 min，可促进侧根长生长。

63. 枸杞

500 mg/L吲哚丁酸溶液或250 mg/L吲哚丁酸+250 mg/L萘乙酸溶液插条浸泡30 min，可促进清水河枸杞硬枝插条的成活率、新根数量和新枝生长。

64. 紫叶李

100 ~ 400 mg/L吲哚丁酸溶液浸泡插穗0.5 h，有利于紫叶李插穗成活。

65. 花叶玉簪

1/2 MS+0.5 mg/L吲哚丁酸为其最适生根培养基。

66. 栓皮栎、蒙古栎

400 mg/L、600 mg/L、750 mg/L、1 500 mg/L、2 000 mg/L浸泡插穗基部30s，可有效促进不定根发生率及生根数。

67. 美国流苏

500 mg/L吲哚丁酸溶液浸泡插穗基部60 min，可提高生根率和根系效果指数。

68. 罗汉果

200 mg/L吲哚丁酸溶液浸泡插条基部浸泡30 min，可促进不定根形成，从而提高插穗成活率。

69. 珍珠彩桂

1/2WPM+3.0 mg/L吲哚丁酸+6.5 g/L琼脂+30 g/L蔗糖为其最佳生根培养基。

70. 金叶水蜡

25 ~ 40 mg/L吲哚丁酸浸蘸插穗基部24 ~ 48 h，可有效促进生根。

71. 大果沙棘

25 mg/L的吲哚丁酸液浸蘸插穗基部24 h，可有效促进生根及成活。

72. 蓝莓

1/2 WPM+0.8 mg/L吲哚丁酸+0.20 mg/L萘乙酸+0.06%活性炭+暗处理为蓝莓生根最适培养基，可提高生根率。

73. 斑兰叶

20 mg/L吲哚丁酸溶液浸蘸根蘖苗30 min，适宜斑兰叶根蘖苗生根。

74. 重瓣红玫瑰

1/2MS+1 mg/L吲哚丁酸+30 g/L蔗糖+0.8%琼脂+黑暗条件培养为其最佳生根培养基。

75. 菊花

1/2MS+0.5 mg/L吲哚丁酸+0.1%活性炭为盆栽菊花香草水晶的最佳生根培养基。

76. 黄连木

1/2 WPM+1.5 mg/L 6-苄氨基嘌呤+0.1 mg/L萘乙酸+0.1 mg/L吲哚丁酸为其最佳腋芽诱导培养基，1/2 WPM+0.02 mg/L萘乙酸+1 mg/L吲哚丁酸培养基生根效果好。

77. 银莲花

1/2 MS+10.0 mg/L吲哚丁酸+35 g/L蔗糖+6 g/L琼脂为山东银莲花最适生根培养基。

78. 白花龙

500 mg/L吲哚丁酸溶液浸泡插穗30 min，生根效果好。

79. 百合

MS+0.1 mg/L吲哚丁酸为百合鳞片组织最佳生根培养基。

80. 扶桑

20 mg/L吲哚丁酸溶液浸泡插穗6 h，扶桑插条的生根效果好。

81. 榉树

500 mg/L、1 000 mg/L、1 500 mg/L吲哚丁酸溶液速蘸处理，显著促进榉树硬枝扦插的生根率、生根时间和根系质量。

82. 白及

MS+0.5 mg/L吲哚丁酸+0.1 mg/L吲哚乙酸+2.0 g/L活性炭为其生根的最佳培养基。

83. 金宝石

50 mg/L、100 mg/L、150 mg/L、200 mg/L吲哚丁酸溶液浸泡插穗2 h，可促进插穗生根率、平均生根数和平均根长，100 mg/L处理效果最佳。

84. 黄檗

水培营养液+3.0 mg/L吲哚丁酸溶液，可促进黄檗幼苗的成活率生根率，且幼苗生长健壮，根系发达。

85. 绣球

50～250 mg/L吲哚丁酸溶液浸泡插条30 min，可促进绣球不定根生长的能力。

86. 水栒子

150 mg/L吲哚丁酸溶液浸泡插穗4 h，可促进生根率。

87. 红翅槭

2 000 mg/L吲哚丁酸速蘸插穗1 min，对绿枝扦插生根有显著促进作用。

88. 大叶栀子

200 mg/L吲哚丁酸浸泡枝条下端1.5 h，水插生根效果好。

89. 薰衣草

300 mg/L吲哚丁酸处理法国薰衣草、孟士德插穗底部

30 min，能快速促进其生根；500 mg/L吲哚丁酸处理蕨叶薰衣草“西班牙之眼”插穗底部30 min，可显著提高其生根率、平均根长、根系数量、根系效果指数、株高及叶片数量。

90. 鸭嘴花

100 mg/L的吲哚丁酸浸泡插穗1 h，可提高顶端嫩枝扦插生根成活率。

91. 茶树

100～200 mg/L吲哚丁酸溶液浸泡插穗下端14 h，可缩短茶树枝条生根时间，增加茶苗根系量，保证移栽不伤根，有效提高树苗成活。

92. 伴矿景天

MS+1～2 mg/L吲哚丁酸为适宜伴矿景天生根的培养基。

93. 海南杜鹃

600 mg/L吲哚丁酸溶液处理插穗10 min后插入园土：椰糠：珍珠岩比例为1：1：1基质内能较大程度提高海南杜鹃扦插的生根率并获得较健康的根系。

94. 西番莲

100～300 mg/L吲哚丁酸浸泡插穗基部30 min，可提高南美引进黄果西番莲生根率。

95. 薄壳山核桃

200 mg/L的吲哚丁酸溶液浸泡插穗基部1 h，可以促进薄壳山核桃扦插苗的生根。

96. 太子参

0.1～2.5 mg/L吲哚丁酸溶液，可促进太子参植株的生长，同时有利于太子参根部的膨大和地下部分生物量的积累。

第五节　吲哚丁酸的登记应用与专利

一、登记情况

吲哚丁酸原药目前在国内已有多家企业登记（表4-3），登记含量为95%和98%，其中郑氏化工为98%最高原药登记含量（图4-4）。

表4-3　吲哚丁酸原药登记信息汇总

名称	剂型	登记证号	含量（%）	有效期至	登记证持有人
吲哚丁酸	原药	PD20220174	98	2027-08-30	陕西美邦药业集团股份有限公司
		PD20171671	98	2027-08-20	河南粮保农药有限责任公司
		PD20220101	98	2027-05-31	江西新瑞丰生化股份有限公司
		PD20210832	98	2026-06-10	鹤壁全丰生物科技有限公司
		PD20200300	98	2025-05-21	郑州郑氏化工产品有限公司
		PD20100321	95	2025-01-11	四川润尔科技有限公司
		PD20097788	98	2024-11-20	四川省兰月科技有限公司
		PD20097554	98	2024-11-03	四川龙蟒福生科技有限责任公司
		PD20097069	95	2024-10-10	重庆依尔双丰科技有限公司
		PD20096831	98	2024-09-21	浙江泰达作物科技有限公司
		PD20140773	98	2024-03-25	浙江天丰生物科学有限公司
		PD20131508	98	2023-07-17	浙江大鹏药业股份有限公司

制剂方面，吲哚丁酸以可溶液剂（含水剂）为主，应用方向主要是促进生根。混剂以与萘乙酸、诱抗素、芸苔素内酯的复配制剂为主（表4-4）。

农药登记证

登记证号：PD20200300

总有效成分含量：98%

登记证持有人：郑州郑氏化工产品有限公司

有效成分及含量：吲哚丁酸/4-indol-3-ylbutyric acid 98%

农药名称：吲哚丁酸

剂型：原药

农药类别：植物生长调节剂

毒性：低毒

使用范围和使用方法：

作物/场所	防治对象	用药量(制剂量/亩)	施用方式

备注：

首次批准日期：2020年05月22日

有效期至：2025年05月21日

中华人民共和国农业农村部
2020年05月22日

图4-4　郑氏化工98%吲哚丁酸原药登记证

表4-4　吲哚丁酸单剂及混剂登记情况汇总

登记名称	剂型	含量	登记作物	使用技术	产品效果
吲哚丁酸	可溶液剂	0.5%	水稻	在水稻一叶一心期、三叶一心期以250～500倍液喷雾施药各1次	促进生根分蘖，提高产量
		1%	黄瓜	黄瓜定植缓苗后，按照120～160 mL/亩推荐剂量兑水后灌根	促进生根，提高产量
	水剂	1.2%	大豆	大豆苗期以1 200～2 000倍液喷雾施药2次（间隔2周），结荚期以1 200～2 000倍液喷雾施药1次，共3次	调节生长、增加产量
			花生	花生苗期以1 200～2 000倍液喷雾施药2次（间隔2周），下针期后4周施药1次	
			三七	三七植株苗期以1 200～2 000倍液开始施药，间隔4周施药1次，共施药5～6次	调节生长、增加产量

（续表）

登记名称	剂型	含量	登记作物	使用技术	产品效果
吲哚丁酸	水剂	1.2%	姜	姜定植后15 d（出苗期）、幼苗期（姜株分出4～5个芽）、旺盛生长期（距第2次施药至少间隔15 d）以400～600 mL/亩随浇水冲施施药1次，共施药3次	调节生长、增加产量
			甘蔗	甘蔗小苗20 cm开始，每4周1次，1 200～2 000倍液喷雾3～5次	
			水稻	水稻一叶一心期及三叶一心期以500～1 000倍液各施药1次	
			玉米	玉米苗期、小喇叭口期、大喇叭口期以1 200～2 000倍液各施药1次	
			烟草	烟草2叶期开始以1 200～2 000倍液施药，间隔30 d施药1次，连续2～3次	
			小麦	小麦2～4叶期开始以1 200～2 000倍液施药，隔3周施药1次，共施药3次，兑水喷雾处理	
			辣椒	辣椒苗期、幼果期、大果期以1 200～2 000倍液各施药1次	
			棉花	移栽棉花田移栽时以1 200～2 000倍液施药1次，4周后再施药1次，棉花直播田于2叶期和2叶期后20 d各施药1次	
			葡萄	葡萄幼果期、中果期、果实膨大期以1 200～2 000倍液各施药1次	
			马铃薯	马铃薯苗期植株10 cm高时以1 200～2 000倍液施药1次	

（续表）

登记名称	剂型	含量	登记作物	使用技术	产品效果
吲丁·诱抗素	水剂	吲哚丁酸0.9% S-诱抗素0.1%	小麦	在小麦三叶一心到四叶一心期以3 000～4 000倍液叶面喷施1次，返青期喷施第2次	促进生根分蘖，提高产量
	可湿性粉剂	吲哚丁酸1.8% S-诱抗素0.2%	水稻	水稻育秧田插秧前7 d秧苗以1 333～2 000倍液喷施或淋苗1次	促进生根分蘖
		吲哚丁酸0.9% S-诱抗素0.1%	葡萄	在葡萄新梢抽发期、果实膨大期以200～400倍液灌根用药各1次	调节生长
			水稻秧田	秧苗移栽前1周左右500～1 000倍液叶面喷雾秧苗，秧田水饱和无明水，药液量每亩100 kg，叶面喷施1次	促进生根
			小麦	小麦三叶一心期到四叶一心期和返青期以3 000～4 000倍液各用药1次	促进生根
	可溶液剂	吲哚丁酸0.9% S-诱抗素0.1%	小麦	在小麦三叶一心到四叶一心期以3 000～4 000倍液叶面喷施1次，返青期喷施第2次	促进生根分蘖，增强抗逆性
			水稻	水稻秧苗移栽前7 d以500～1 000倍液秧苗喷雾1次	促进生根分蘖
	微乳剂	吲哚丁酸0.9% S-诱抗素0.1%	水稻	水稻育秧田插秧前7 d以500～1 000倍液秧苗喷施或淋苗1次	促进生根分蘖
吲丁·萘乙酸	可溶粉剂	吲哚丁酸25% 萘乙酸25%	水稻	水稻一叶一心期和三叶一心期以25 000～50 000倍液各施药1次	促进生根、壮根
			杨树	将杨树枝条成捆捆好后以3 300～4 000倍液浸泡2～3 h，浸泡深度为插条基部2～3 cm，浸泡后涝出即可扦插	促进插条萌发生长，提高移栽成活率

（续表）

登记名称	剂型	含量	登记作物	使用技术	产品效果
吲丁·萘乙酸	可溶粉剂	吲哚丁酸40%萘乙酸10%	水稻	在水稻一叶一心时以25 000～50 000倍液喷第1次药，三叶一心时再喷1次，间隔期7 d（茎叶喷雾）	促进水稻返青，促进生根、壮根
		吲哚丁酸6%萘乙酸6%	杨树	杨树枝条成捆捆好后以800～1 200倍液浸泡2～3 h，浸泡深度为插条基部2～3 cm，浸泡后捞出即扦插	促进生根，提高移栽成活率
		吲哚丁酸2.5%萘乙酸钠2.5%	杨树	杨树枝条成捆捆好后以250～500倍液浸泡8～12 h，浸泡深度为插条基部2～3 cm，浸泡后捞出即扦插	促进生根，提高移栽成活率
		吲哚丁酸2%萘乙酸钠2%	杨树	杨树插穗基部于270～400倍液药液内浸泡8～10 h，浸泡深度为2～3 cm。浸泡完成后取出进行扦插	促进生根
		吲哚丁酸1%萘乙酸1%	水稻	水稻播种前以500～700倍药液浸种，浸种10～12 h，再用清水浸种至发芽露白，常规催芽播种	促进生根，增加产量
			月季	制剂稀释80～100倍液，于扦插前浸泡插条基部30～90 s，用药1次	促进插条萌发生
	可溶液剂	吲哚丁酸2.5%萘乙酸2.5%	葡萄	将葡萄枝条成捆捆好后以250～500倍液浸泡2～3 h，浸泡深度为插条基部2～3 cm，浸泡后捞出即扦插	促进生根，提高成活率
			杨树	杨树枝条成捆捆好后以350～700倍液浸泡2～3 h，浸泡深度为插条基部2～3 cm，浸泡后捞出即扦插	促进生根

（续表）

登记名称	剂型	含量	登记作物	使用技术	产品效果
吲丁·萘乙酸	可溶液剂	吲哚丁酸0.8%萘乙酸0.2%	黄瓜	黄瓜定植缓苗后以120～140 mL/亩灌根，施药次数2次，施药间隔10 d	提高移栽成活和抗逆性，增加产量
		吲哚丁酸0.05%萘乙酸0.025%	观赏月季	月季枝条成捆捆好后以6～9倍液浸泡1～2 h，浸泡深度为插条基部2～3 cm	促进插条萌发生长
		吲哚丁酸5%萘乙酸5%	杨树	杨树枝条成捆捆好后以800～1 000倍液浸泡2～3 h，浸泡深度为插条基部2～3 cm，浸泡后捞出即扦插	诱导形成不定根
			黄瓜	黄瓜移栽成活后（3～4叶期）和初花期，以10 000～20 000倍液均匀喷雾施药各1次	增加坐果，保花保果
	水剂	吲哚丁酸0.85%萘乙酸0.2%	黄瓜	黄瓜移栽成活后（3～4叶期）和初花期，以4 000～6 000倍液喷雾各施药1次	诱导形成不定根，保花保果
	水分散粒剂	吲哚丁酸0.05%萘乙酸0.025%	杨树	施药时期为银中杨移栽时，回填土后以50～70 g/株均匀撒施于杨树根部周围，随后浇水、覆土	促进生长发育，提高移栽成活率
	可湿性粉剂	吲哚丁酸8%萘乙酸2%	杨树	将杨树枝条成捆好后，以1 000～1 250倍液浸泡插条基部8～10 h，浸泡深度8 cm左右，浸泡后捞出即扦插	促进生根，提高成活率和抗逆性
			玉米	播种前将干种子浸入5 000～6 667倍液中5~8 h后再播种	促芽生根
			水稻	播种前将干种子浸入1 667～2 500倍液中10~12 h后再播种	促芽生根

（续表）

登记名称	剂型	含量	登记作物	使用技术	产品效果
吲丁·萘乙酸	可湿性粉剂	吲哚丁酸0.05%萘乙酸0.025%	月季	月季枝条成捆捆好后以6～7.5倍液浸泡1～2 h，浸泡深度为插条基部2～3 cm，浸泡后涝出即手插	促进插条萌发生长
	种子处理可溶粉剂	吲哚丁酸1%萘乙酸1%	水稻	在水稻播种前以500～700倍液浸种用药1次	促进根系生长发育，提高产量
	种子处理液剂	吲哚丁酸0.81%萘乙酸0.19%	黄瓜	在黄瓜播种前以3 800～4 700倍液浸种	诱导形成不定根，增加坐果率
吲丁·14-羟芸	可溶液剂	吲哚丁酸2.498%14-羟基芸苔素甾醇0.002%	柑橘树	柑橘初花期、幼果期和果实膨大期，以600～800倍液兑水均匀喷雾	调节生长、增加产量

二、吲哚丁酸相关应用专利（表4-5）

表4-5　吲哚丁酸相关应用专利

公开(公告)号	标题	所涉及功能物	当前专利权人
CN114342939A	一种草莓生根剂及其制备方法和应用	吲哚丁酸钾、呋喃核苷酸、咪鲜胺、氯化胆碱、聚天冬氨酸、脯氨酸、椰子汁等	山东华诺联邦农化有限公司
CN113854154A	芦笋与意大利野生种间杂交F1代再生植株的培养方法	吲哚丁酸、萘乙酸和谷氨酰胺	江西省农业科学院蔬菜花卉研究所

（续表）

公开（公告）号	标题	所涉及功能物	当前专利权人
CN113455502A	水溶性萘乙酸与吲哚丁酸在卵囊藻培养中的应用	萘乙酸与吲哚丁酸	中国农业大学烟台研究院
CN113180049A	用于延迟柑橘开花物候期的植物调节剂及其应用	吲哚丁酸钾、柠檬酸铁铵	宁波市农业科学研究院
CN111165497A	一种平欧杂种榛苗木繁育的生根剂配方及制备方法	吲哚丁酸、萘乙酸、烯效唑	辽东学院
CN111213667A	一种甘蔗单芽促根剂及其制备方法与应用	咪鲜胺、多菌灵、苯醚甲环唑、代森锌、吲哚丁酸钾、萘乙酸钠	广西壮族自治区农业科学院
CN110881468A	一种农作物生长调节剂组合物及其应用	半叶素和吲哚乙酸或萘乙酸或吲哚丁酸或对氯苯氧乙酸或对碘苯氧乙酸	郑州郑氏化工产品有限公司
CN110742079A	一种用于食用豆科作物促根增产的农药组合物、制剂及应用	糠氨基嘌呤和吲哚丁酸	四川国光农化股份有限公司
CN111955491A	一种用于修复树木损伤的填补剂及其制备方法和应用	萘乙酸和（或）吲哚丁酸	浙江省农业科学院
CN109819860A	增加卧茎景天须根的方法	吲哚丁酸钾	黑龙江省科学院自然与生态研究所
CN109645028A	一种含OH11的种子包衣剂及其使用方法	产酶溶杆菌OH111和吲哚丁酸钾	南京农业大学 | 安徽省农业科学院植物保护与农产品质量安全研究所

（续表）

公开(公告)号	标题	所涉及功能物	当前专利权人
CN109429853A	一种软枣猕猴桃绿枝扦插育苗方法	吲哚丁酸、萘乙酸、多菌灵	四川省益诺仕农业科技有限公司
CN109452010A	一种促进纳塔栎嫩枝扦插育苗的方法	吲哚丁酸、萘乙酸、间苯三酚	南京林业大学
CN109221134A	用于薄壳山核桃嫁接的植物调节剂及其应用	吲哚丁酸、氨基酸、赤霉素、壳聚糖	杭州富阳飞博科技有限公司
CN108812710A	一种甘蔗试管苗叶面喷施液及配制方法	吲哚丁酸、萘乙酸、蔗糖、L脯氨酸、生物除菌剂、吐温和赤霉素	广西壮族自治区农业科学院甘蔗研究所
CN108402082A	促进油茶苗木生根的生根剂及其生根方法	吲哚丁酸、6-BA、磷酸二氢钾、蔗糖、维生素B_6、维生素B_2	沅陵县洪源农林开发有限责任公司
CN109984134A	一种含几丁聚糖与吲哚丁酸钾的组合物及应用	几丁聚糖和吲哚丁酸钾	海南正业中农高科股份有限公司
CN107455391A	一种嫁接激活剂及提高嫁接成活率的方法	6-苄氨基腺嘌呤、激动素、吲哚丁酸和蔗糖	河南省农业科学院园艺研究所
CN107211735A	一种云新核桃的嫁接方法	萘乙酸、吲哚丁酸	普定县绿源苗业开发有限公司
CN107318474A	一种花红的嫁接方法	吲哚丁酸、吲哚乙酸	普定县绿源苗业开发有限公司
CN107135927A	一种矾根扦插快繁方法	萘乙酸、吲哚丁酸	云南省农业科学院花卉研究所

（续表）

公开(公告)号	标题	所涉及功能物	当前专利权人
CN107318550A	诱导木本果树浅层根系生长的方法	吲哚丁酸	广西壮族自治区农业科学院园艺研究所
CN108929135A	一种促根提苗悬浮型液体肥料及其制备方法与应用	萘乙酸、吲哚丁酸与激动素	广东金正大生态工程有限公司 | 金正大生态工程集团股份有限公司 | 菏泽金正大生态工程有限公司
CN107410383A	一种黄瓜调节剂及其制备方法、使用方法和应用	氯吡脲、赤霉素和吲哚丁酸	张家口市农业科学院
CN107047184A	可可茶扦插育苗方法	吲哚乙酸、吲哚丁酸和邻苯二酚	广东德高信种植有限公司
CN106748561A	一种小麦分蘖肥及其制备方法和应用	烯效唑、吲哚丁酸钾、萘乙酸钠、黄腐酸、腐植酸及肥料	湖北鄂中生态工程股份有限公司
CN106359108A	一种山葡萄愈伤组织培养基及其应用	6-苄氨基腺嘌呤和萘乙酸或吲哚丁酸或2,4-二氯苯氧乙酸	中国农业科学院特产研究所
CN106550872A	一种柽柳快速生根培养基及柽柳组织培养方法	吲哚丁酸和蔗糖	甘肃省治沙研究所
CN105684752A	一种使红花槭秋季叶片提前变色的外源物质配方	芸苔素内酯、赤霉素、吲哚丁酸	芜湖市雨田润农业科技股份有限公司
CN105669313A	一种棉花促根抗病壮株剂及水肥药一体化施用方法	吲哚丁酸、复硝酚钠、萘乙酸和胺鲜酯及肥料	山东棉花研究中心

（续表）

公开(公告)号	标题	所涉及功能物	当前专利权人
CN105638723A	用于红豆杉枝条扦插生根的生根剂配方及其制备方法	吲哚丁酸、萘乙酸、茉莉酸甲酯、冠菌素、苯丙氨酸、水杨酸、维生素B_2、维生素B_6、维生素B_{12}、维生素C、维生素H、蔗糖	湖北祥瑞丰红豆杉科技股份有限公司
CN105379627A	北美红杉离体生根培养方法	吲哚丁酸	美尚生态景观股份有限公司
CN105432293A	金果榄扦插繁殖方法	萘乙酸、吲哚丁酸	广西壮族自治区药用植物园
CN105284387A	一种提高厚叶五味子根部产量的组合物及栽培方法	吲哚丁酸、萘乙酸	广东百科生物产业有限公司
CN105145579A	锦鸡儿复合扦插生根剂及其制备方法和应用	吲哚丁酸钾、香菇多糖和葡萄条浸提液	北京阿格瑞斯生物技术有限公司
CN105075865B	一种蓝莓美登初代培养的培养基及其制备方法和应用	玉米素、吲哚丁酸	江苏农林职业技术学院
CN105165887B	一种调节植物生长的组合物、制剂及其应用	乙烯利与α-萘乙酸或其盐或吲哚丁酸或其盐	四川国光农化股份有限公司
CN104920460A	一种紫薇免移栽的嫩枝扦插育苗药剂及方法	萘乙酸钠、吲哚丁酸钾盐、维生素C、氯化镧、霜脲锰锌	湖南省林业科学院｜湖南富林生物科技有限公司
CN104920138B	南方松造林前苗木干旱胁迫预处理的方法	多效唑、水杨酸、吲哚丁酸和磷酸二氢钾	广西壮族自治区林业科学研究院
CN104855384A	含有2-（乙酰氧基）苯甲酸和吲哚丁酸的农药组合物	2-（乙酰氧基）苯甲酸和吲哚丁酸	南京绿途生物科技有限公司

（续表）

公开(公告)号	标题	所涉及功能物	当前专利权人
CN104604940B	一种泓森槐生根剂	萘乙酸、吲哚丁酸、壳聚糖、双咪唑烷基脲、高吸水树脂和黄腐酸	安徽泓森高科林业股份有限公司
CN104529644A	一种具有防治柑橘黄龙病功能的水溶性肥料及其制备方法	亚磷酸盐、吲哚丁酸钾、复硝酚钠及肥料	广东福利龙复合肥有限公司
CN104429541A	一品红单节扦插生产微型盆栽的方法	萘乙酸或吲哚丁酸	仲恺农业工程学院
CN103918650B	提高桃坐果率的生长调节剂及调节方法	赤霉素和萘乙酸或萘乙酸钠或吲哚乙酸或苯乙酸或吲哚丁酸或吲哚乙酸或2,4-二氯苯氧乙酸	河北省农林科学院昌黎果树研究所
CN103931648B	一种抗黄曲霉菌的花生种衣剂	吡虫啉或噻虫嗪或咯菌睛或辛硫磷或丁硫克百威或拌种咯与柠檬醛与多效唑或萘乙酸或吲哚乙酸或吲哚丁酸	山东省花生研究所
CN103828810B	一种棉花根系再生性生长促进剂及其制备方法	萘乙酸钠或吲哚丁酸钠与复硝酚钠或复硝酚钾	河南科技学院
CN103719151A	一种花生拌种剂及其制备方法与应用	硅酸钠、硝酸钙和吲哚丁酸、萘乙酸、芸苔素内酯	华南农业大学
CN103430956A	含有壳寡糖及植物生长调节剂的组合物及应用	壳寡糖及氯吡脲、胺鲜酯、复硝酚钠、萘乙酸、吲哚乙酸、多胺、细胞分裂素、吲哚丁酸中的一种或多种	海南正业中农高科股份有限公司
CN103483071A	一种无残留果蔬膨大剂制剂及其生产方法和施药方法	赤霉素、6-苄基腺嘌呤、吲哚丁酸	陕西省蒲城美尔果农化有限责任公司

（续表）

公开(公告)号	标题	所涉及功能物	当前专利权人
CN103360159B	一种锥栗丰产素及其应用	2,4-二氯苯氧乙酸、赤霉素、吲哚丁酸	中南林业科技大学
CN102326555B	一种水稻浸种剂及其应用	解草啶与吲哚丁酸、萘乙酸和芸苔素内酯	华南农业大学
CN102391044A	植物育苗壮根营养固态水及其制备方法与应用	吲哚丁酸、萘乙酸、甲哌鎓	中棉小康生物科技有限公司
CN102125040B	棉花增铃保铃剂及其制备方法与应用	吲哚丁酸、萘乙酸、多效唑、赤霉素、三碘苯甲酸、烯效唑、吲哚乙酸和胺鲜酯	中国农业科学院棉花研究所 | 中棉小康生物科技有限公司 | 徐正洲
CN101613227B	一种木本植物注射用复配调理液及其制备方法	萘乙酸、吲哚丁酸	广东福利龙复合肥有限公司
CN101803600A	雨生红球藻细胞生长促进剂及其使用方法	萘乙酸、吲哚丁酸	云南爱尔发生物技术股份有限公司
CN101147483A	一种植物飞絮抑制剂及其用途	赤霉素、萘乙酸、吲哚丁酸	北京市园林科学研究所

第六节　吲哚丁酸剂型产品配方与工艺实例

吲哚丁酸原药不溶于水，可溶于碱制成水溶性盐溶液。可做成可溶粉剂、可溶液剂、可湿性粉、悬浮剂、水分散粒剂等多种剂型使用。

一、10%吲哚丁酸可溶液剂

1. 产品组成（表4-6）

表4-6　10%吲哚丁酸可溶液剂产品组成

配方组成	各物料比例（%）	备注说明
吲哚丁酸原药	10（折百）	有效成分
助溶剂	10～30	溶解原药
稳定剂	1～2	防止降解
润湿剂	1	润湿增效
防冻剂	4～6	防止低温析出
消泡剂	适量	控制泡沫量
填料	补足	载体/分散介质

2. 生产操作规程（图4-5）

（1）设备检查及领取原料　首先检查并确认所用的搅拌釜、贮存罐等设备相应阀门都处于关闭状态（确认生产线已清洁）。生产前将各原辅材料运至农药生产车间，进行生产备料。

（2）吲哚丁酸母液制备　将助溶剂润湿剂和稳定剂抽入母液罐内，开启搅拌，然后投入吲哚丁酸原药，搅拌10～20 min至完全溶解后加入助剂，继续搅拌5 min。

（3）产品配制　将填料和防冻剂抽入反应釜内，开启搅拌，将加工好的吲哚丁酸母液抽入反应釜，搅拌20～30 min至完全混合均匀。

（4）过滤　放料时，过300目滤网，过滤后转移至贮存的罐妥善储存，取样检测。

（5）成品包装　按生产要求调整好包装机，将检验合格的母料用提升机送至包装平台，开始装袋或装瓶，封口并放入包装箱，封箱，成品包装完成。

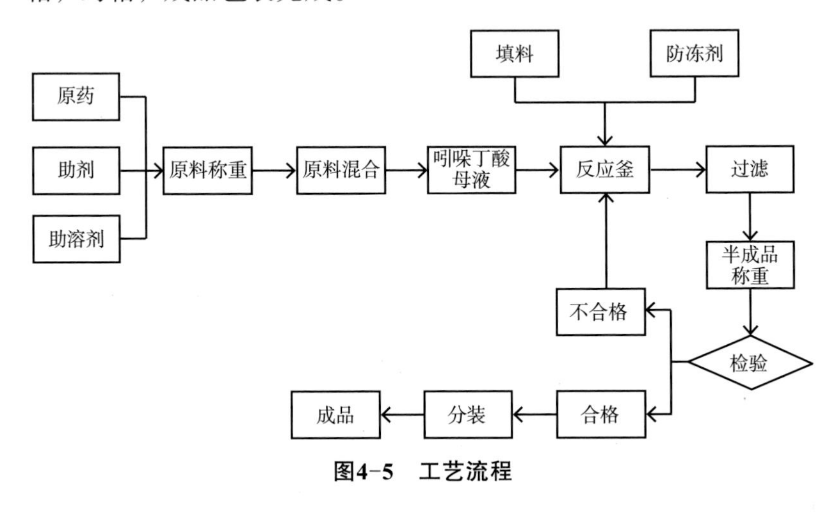

图4-5　工艺流程

二、2%吲哚丁酸·萘乙酸可溶性粉剂

1. 产品组成（表4-7）

表4-7　2%吲哚丁酸·萘乙酸可溶性粉剂产品组成

配方组成	各物料比例（%）	备注说明
吲哚丁酸钾原药	1（以吲哚丁酸计，折百）	有效成分1
萘乙酸钠原药	1（以萘乙酸计，折百）	有效成分2
分散剂	1～3	改善产品性状
润湿剂	2～4	润湿增效
消泡剂	适量	控制泡沫量
填料	补足	载体/填料

2. 生产操作规程（图4-6）

（1）设备检查及领取原料　首先检查并确认所用的混合机、贮存罐、造粒机等设备相应阀门都处于关闭状态（确认生产

线已清洁）。生产前将各原辅材料运至农药生产车间，进行生产备料。

（2）产品配制　将原药、润湿剂、分散剂、消泡剂和填料在混合机中混合20～30 min，混合均匀后在粉碎机中进行粉碎；然后将粉碎的物料加入混合机中混合30～40 min，半成品称重，取样检测产品各项指标。

（3）成品包装　按生产要求调整好包装机，将检验合格的母料放入料车，将料车用提升机送至包装平台，开始装袋或装瓶、封口，并放入包装箱，封箱，成品包装完成。

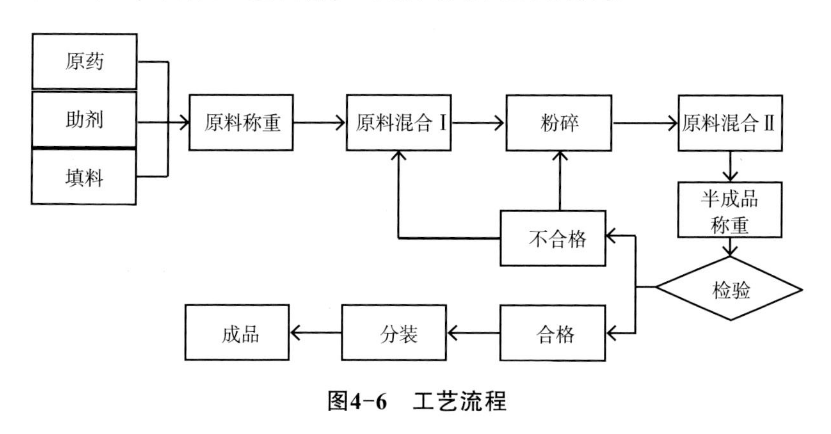

图4-6　工艺流程

第七节　吲哚丁酸单剂应用实例展示

一、番茄

试验药剂　处理A，吲哚丁酸2 mg/L+维生素C2 mg/L；处理B，吲哚丁酸2 mg/L+玉米素0.005 mg/L；处理C，吲哚丁酸2 mg/L+

玉米素0.001 mg/L；处理D，吲哚丁酸2 mg/L；CK，清水。

施药时期　移栽缓苗期淋根施用。

调查方法　药后11 d观察安全性，测量株高、根长。

结论　吲哚丁酸复配维生素C或玉米素在番茄苗期使用，在促长生根和增加生物量的方面均有明显的效果，其中吲哚丁酸2 mg/L+玉米素0.001 mg/L（处理C）促长生根作用最好（图4-7至图4-10）。

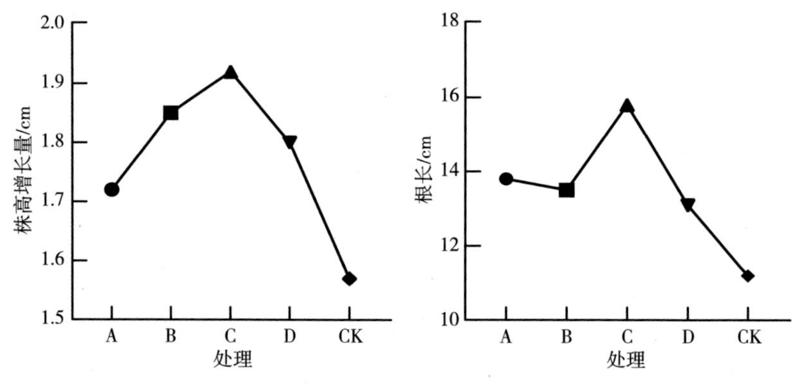

图4-7　药后11 d株高增量　　**图4-8　药后11 d平均根长**

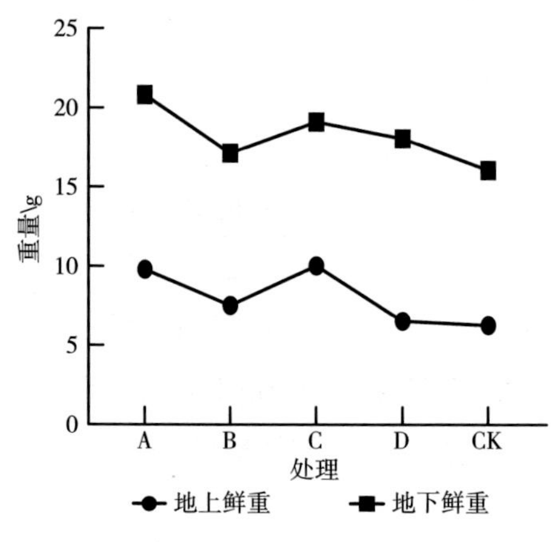

图4-9　药后11 d地上地下植株鲜重

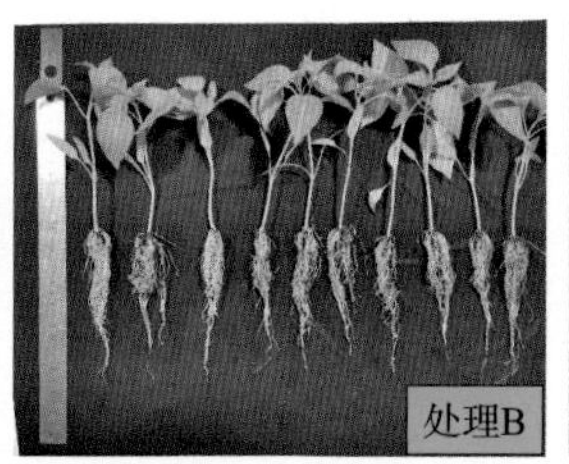

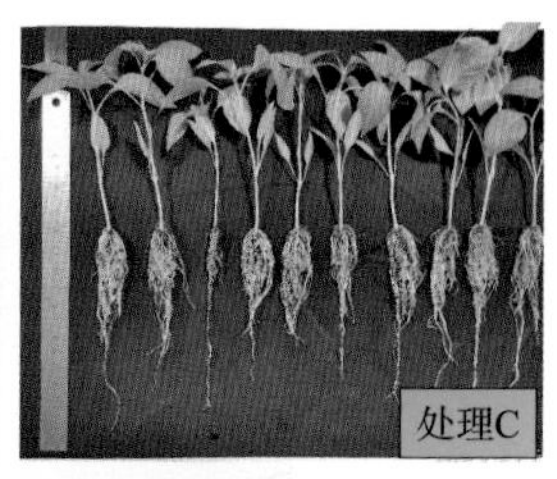

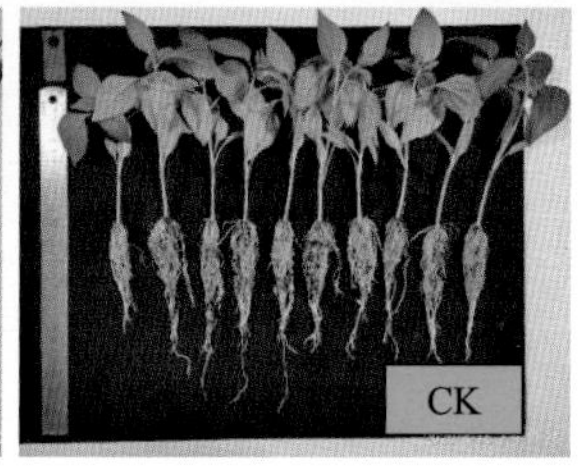

图4-10　不同处理对番茄的影响

二、甘蓝

试验药剂　处理A，吲哚丁酸1 mg/L；处理B，吲哚丁酸1 mg/L+玉米素0.005 mg/L；处理C，吲哚丁酸1 mg/L+玉米素0.01 mg/L；处理D，吲哚丁酸1 mg/L+维生素C1 mg/L；处理E，腐植酸600倍液；CK，清水。

施药时期　移栽缓苗期淋根施用。

调查方法　药后观察安全性、株高、根系生长情况。

结论　药后7 d观察，各处理安全性无异常差异，处理A、B、C、D促长和生根效果均优于对照和生根效果均优于对照，其中吲哚丁酸1 mg/L+玉米素0.01 mg/L处理C的生根效果最好，吲哚丁酸复配玉米素使用时，作物生根效果更明显（图4-11）。

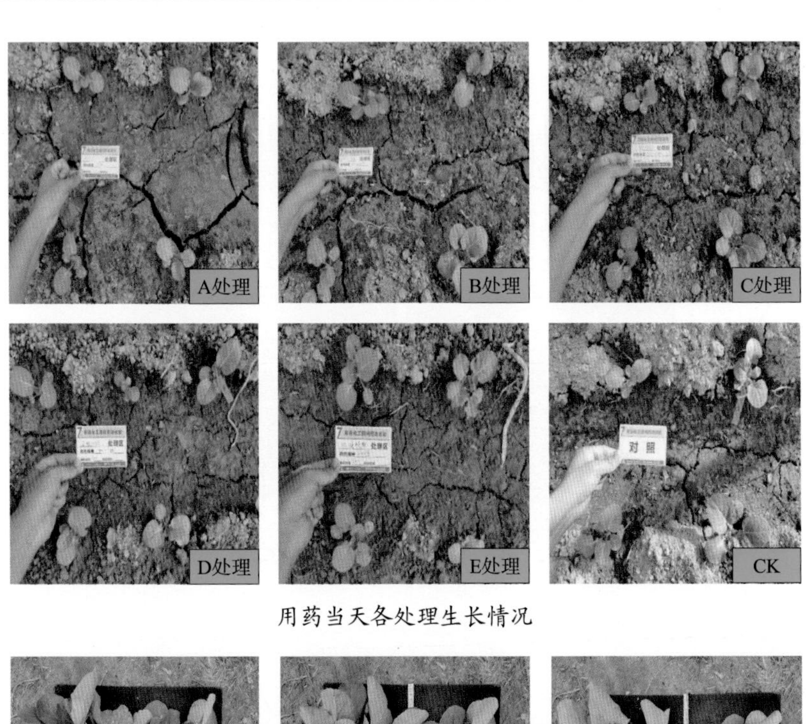

用药当天各处理生长情况

药后7 d处理A与对照

药后7 d处理B与对照

药后7 d处理C与对照

药后7 d处理D与对照

药后7 d处理E与对照

图4-11　不同处理对甘蓝的影响

三、绿豆

试验药剂　处理A，吲哚丁酸20 mg/L；处理B，吲哚丁酸20 mg/L+0.01%28-高芸苔素内酯2 500倍液；处理C：吲哚丁酸20 mg/L+0.01%28-高芸苔素内酯1 500倍液；CK，清水。

施药时期　播种5 d的绿豆苗，取5 cm长绿豆下胚轴，去根浸泡。

调查方法　生根范围、鲜重、根系长势。

结论　吲哚丁酸复配28-高芸苔素使用可以促进绿豆上胚轴生长，提高植株鲜重，叶片更绿，但生根作用不如单剂吲哚丁酸；各处理在生根促长方面均优于清水对照，尤其在生根方面（图4-12至图4-15）。

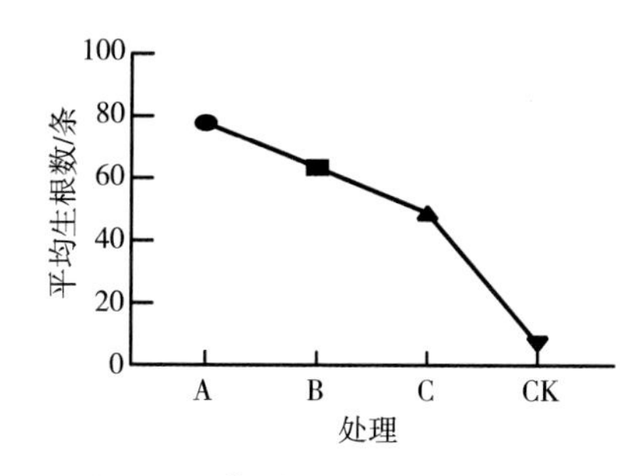

图4-12　药后5 d绿豆平均生根数

图4-13　药后5 d植株鲜重

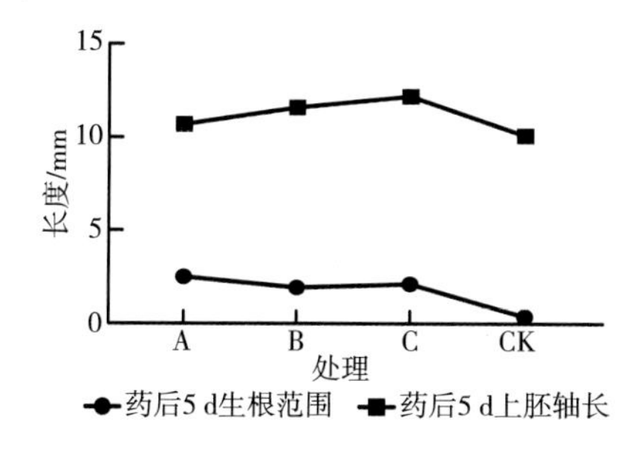

图4-14　药后5 d绿豆上胚轴长度和生根范围

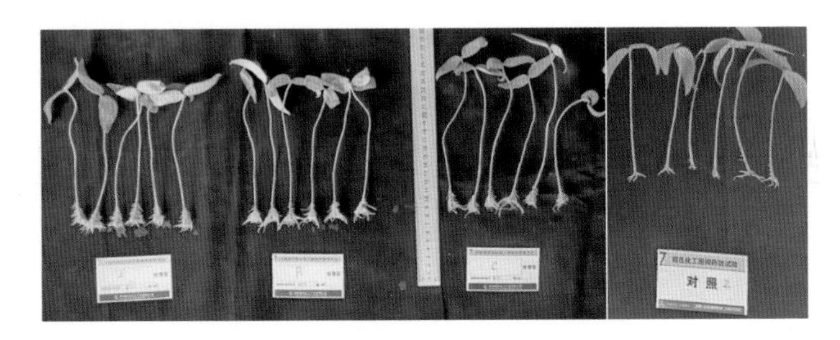

图4-15　不同处理对绿豆的影响

四、火龙果

试验药剂　处理A，10%吲哚丁酸·萘乙酸SL1 500倍液；处理B，10%吲哚丁酸·萘乙酸SL750倍液；CK，清水。

施药方法　插条浸泡药液基部10 min后进行扦插。

调查方法　观察生根效果。

结论　10%吲哚丁酸·萘乙酸SL促进火龙果的扦插生根，一定范围内，高浓度处理效果更好，毛细根多，呈现星团状爆发式生根（图4-16）。

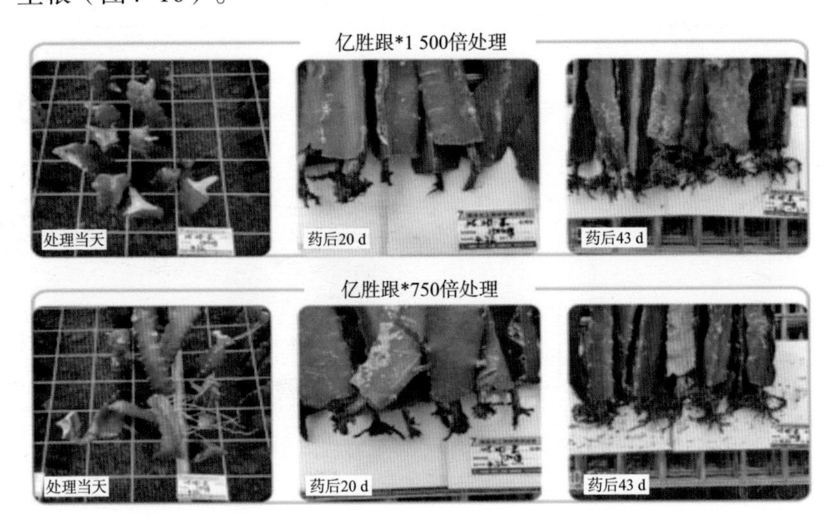

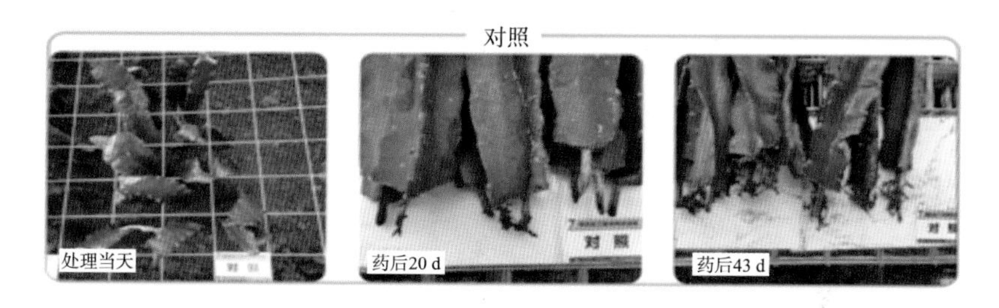

图4-16　不同处理对火龙果的影响

五、红叶石楠

试验药剂　10%吲哚丁酸·萘乙酸SL稀释300倍液、150倍液；5%萘乙酸AS稀释400倍液、200倍液、100倍液。

试验方法　选取当年生枝条作为扦插生条，药剂兑水稀释后，速蘸5 s左右，插入育苗池（图4-17、图4-18）。

结论　各处理均可促进红叶石楠扦插生根，10%吲哚丁酸·萘乙酸SL 150倍液处理促进根长根多；5%萘乙酸SL 200倍液处理促进石楠枝条根粗，数量不及10%吲哚丁酸·萘乙酸SL 150倍液处理（图4-19）。

图4-17　剪枝配药

图4-18　扦插

药后15 d

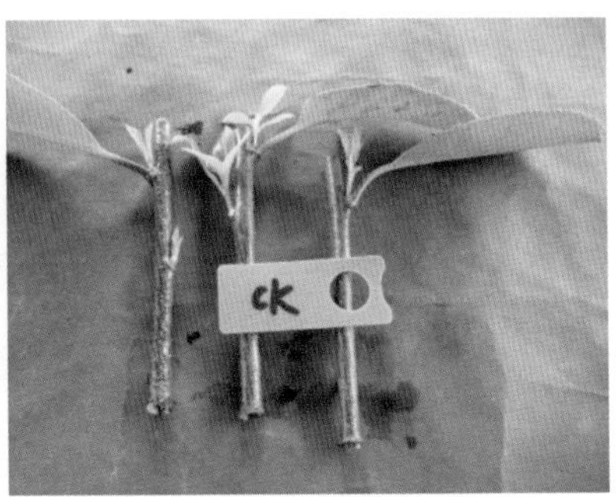

空白对照

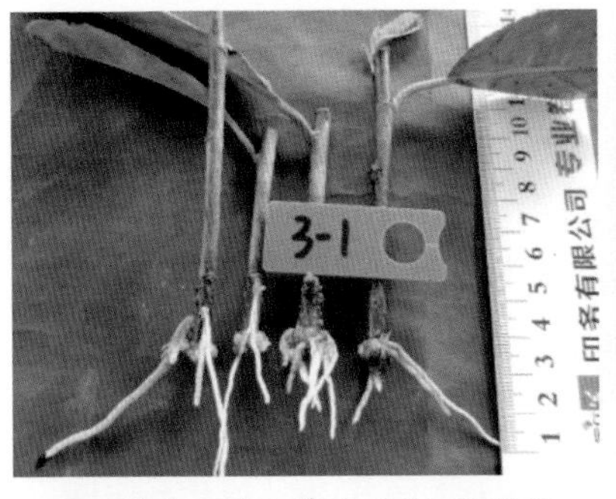

10%吲哚丁酸·萘乙酸SL300倍液

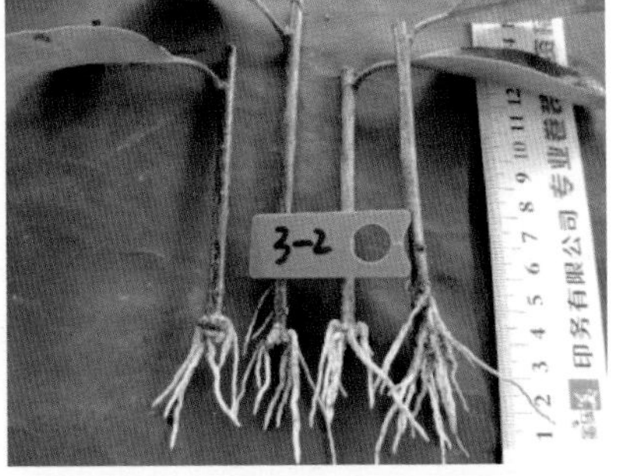

10%吲哚丁酸·萘乙酸SL150倍液

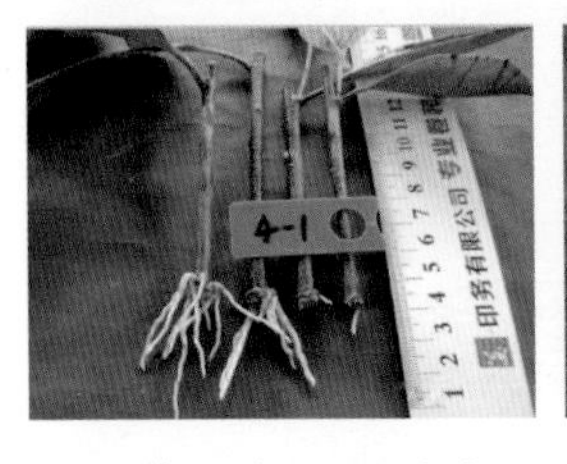

5%萘乙酸SL400倍液

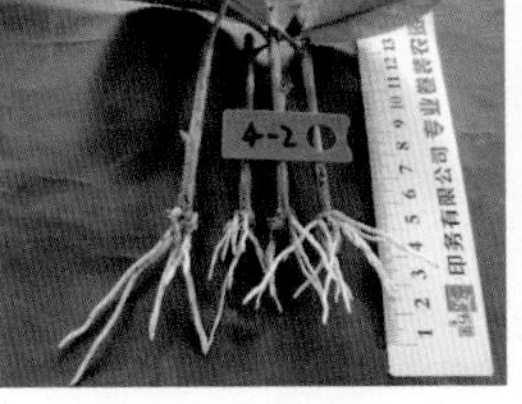

5%萘乙酸SL200倍液

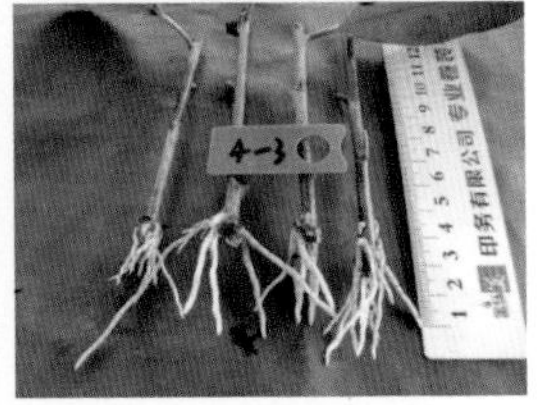

5%萘乙酸SL100倍液

图4-19　不同处理对红叶石楠的影响

六、富贵竹

试验药剂　10%吲哚丁酸·萘乙酸SL。

试验方法　富贵竹修剪后，将10%吲哚丁酸·萘乙酸SL兑

清水稀释，浓度依次为2 000 mg/L、1 500 mg/L、500 mg/L、100 mg/L速蘸10 s后插于清水中，1个月后观察生根结果。

结论　随着试验浓度的逐步扩大，生根效果逐步提高，其中2 000 mg/L和1 500 mg/L富贵竹根多又长（图4-20）。

2 000 mg/L　1 500 mg/L　500 mg/L　100 mg/L　CK

图4-20　不同处理对富贵竹的影响

第八节　吲哚丁酸应用展望及注意事项

一、使用注意事项

1.吲哚丁酸见光易分解，产品须用黑色包装物或避光存放在阴凉干燥处。

2.吲哚丁酸单用对多种作物有生根作用，然而它与其他有生根作用的药物混用效果更佳，复配应用可提高其活性并扩大使用范围。

二、具有应用潜力的吲哚丁酸复配技术

吲哚丁酸的生理作用类似内源生长素，和吲哚乙酸相比，它移动性小，不易被植物体内吲哚乙酸氧化酶分解，生物活性持续时间长。主要用于促进植物扦插生根及移栽植物的早生根、多生根。根据作物不同，使用浓度差别也较大，一般用于扦插生根和灌根处理。虽然单一使用对多种作物有生根作用，然而和其他的有生根作用的药物混用效果更佳，使用范围更广。

1. 吲哚丁酸+萘乙酸

此混剂是世界上应用最广泛的生根剂，常以低浓度浸泡或高浓度浸蘸使用，可促进多种植物的扦插生根，早生根、多生根。目前，国内登记剂型有吲丁·萘乙酸可溶粉剂和吲丁·萘乙酸可溶液剂，常以1∶1比例应用。国外常按1∶2的比例制成粉剂或水剂，使用时根据处理时间不同进行稀释。一般来说，快速沾根（几秒钟）浓度宜选择500～1 000 mg/L；慢速浸泡（12～24 h），需要50～100 mg/L；浸种或淋浇幼苗，浓度宜选择5～20 mg/L。除此之外，此混剂也可以和福美双、维生素、糖液等杀菌剂或营养剂混用，增加生根、促长效果。

2. 吲哚丁酸+黄腐酸

此配方主要是靠吲哚丁酸的促生根特点，配合黄腐酸能刺激植物体内某些转化酶的活性，两者复配后，促进生根的数目多于各自处理的量，侧根较多。使用浓度为吲哚丁酸5～20 mg/L，配合黄腐酸0.05%～0.2%使用。

3. 吲哚丁酸+s-诱抗素

诱抗素可抑制赤霉酸的生物合成，具有一定的促进生根作用，但受浓度的影响，浓度过高时则抑制植物生根。将其与吲哚丁酸复配应用在豌豆、番茄、杨树、葡萄等作物上促进扦插生根或刺激移栽生根，多出现加和作用或增效作用。尤其是非正常生长环境下，促进了根系的生长发育。

4. 吲哚丁酸+赤霉酸

番茄、葡萄、樱桃等作物常使用赤霉酸来促进坐果及膨果，但不同作物品种之间剂量有所不同，且坐果率常与果粒大小呈反向效应，易出现果粒小、空果、甜度低、水分高等现象。吲哚丁酸作为生长素类物质，能有效吸引、调运营养物质，刺激幼果生长，增加干物质积累，同时对作物品质也有提高。而对猕猴桃、芒果、香蕉等品种来说，复配吲哚丁酸有利于促进果实拉长，调节果型，果实生长速度加快。

第五章

羟烯腺嘌呤

第一节　玉米素(羟烯腺嘌呤)产品简介

【中文通用名称】玉米素；羟烯腺嘌呤

【英文通用名称】Trans-Zeatin

【商品名称】爱果达

【化学名称】6-反式-4-羟基-3-甲基-丁-2-烯基氨基嘌呤

【CAS号】1637-39-4

【化学结构式】

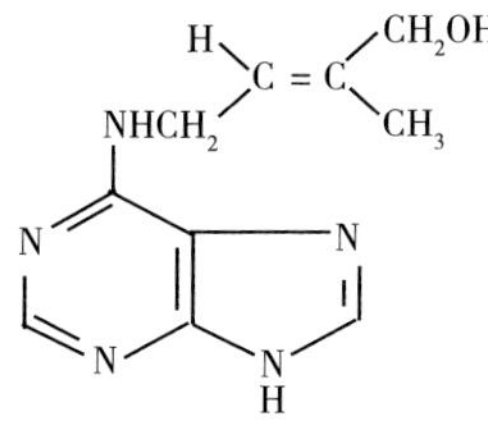

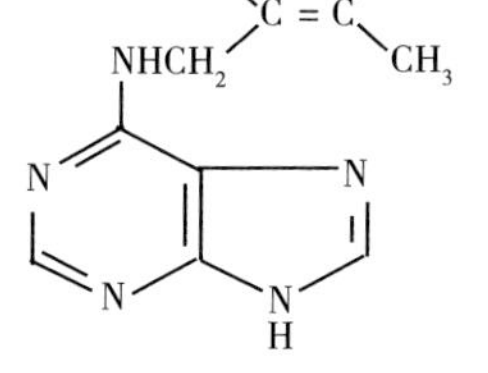

【分子式】$C_{10}H_{10}N_5O$

【相对分子量】219.24

【理化性质】纯品熔点209～213℃，不溶于水和丙酮，可溶于甲醇、乙醇、二甲基亚砜等溶剂，常温下二甲基亚砜中溶解度≥6%。在酸性、碱性和中性条件下稳定，对光、热稳定。

【毒性】98%羟烯腺嘌呤原药急性毒性试验结果如下。对成年大鼠雄/雌的急性经口毒性LD_{50}>5 000 mg/L，属微毒性；对成年大鼠雄/雌的急性经皮毒性LD_{50}>5 000 mg/L，属微毒性；对成年大鼠雄/雌的急性吸入毒性LC_{50}>2 000 mg/m^3，属低毒性；至突变性（体外体内）试验结果为无致畸形、致突变作用。

【环境生物安全性评价】对鸟类日本鹌鹑急性经口毒性有效浓度LD_{50}（7 d）>2.02×10^3 mg/kg体重，属低毒性；对蜜蜂急性经口毒性有效浓度LD_{50}（48 h）>116μ/蜂，属低毒性；对鱼类斑马鱼急性毒性有效浓度LC_{50}（96 h）>144 mg/L，属低毒性；对大型溞急性毒性有效浓度EC_{50}（48 h）>121 mg/L，属低毒性。

【产品及规格】98%原药；100 g/袋；1kg/袋。

第二节　98%羟烯腺嘌呤原药质量控制

98%羟烯腺嘌呤原药执行企业标准《98%玉米素》（Q/ZZH 100—2022），各项目控制指标应符合表5-1要求。

表5-1　98%羟烯腺嘌呤原药质量标准

检测项目	指标	检测方法及标准
外观	白色粉状物	目测
羟烯腺嘌呤质量分数（%）≥	98.0	液相色谱法
pH值范围	5.0～8.0	《农药pH值的测定方法》（GB/T 1601—1993）
水分（%）≤	0.5	《农药水分测定方法》（GB/T 1600—2001）
N, N-二甲基甲酰胺不溶物（%）≤	1.0	《农药丙酮不溶物的测定方法》（GB/T 1601—1993）

其中，主要检测项目的具体检测方法如下。

一、羟烯腺嘌呤质量分数的测定

试样用流动相溶解，以甲醇+磷酸水为流动相，使用C_{18}为填充物的不锈钢柱和可变波长紫外检测器，在268nm波长下对试样中的羟烯腺嘌呤进行高效液相色谱分离和测定（可根据不同仪器特点对给定操作参数作适当调整，以期获得最佳效果）。

典型的羟烯腺嘌呤标样、羟烯腺嘌呤试样高效液相色谱图见图5-1、图5-2。

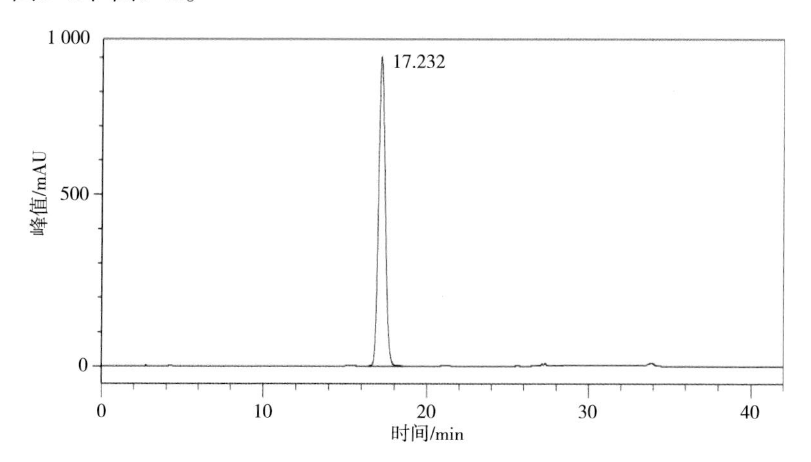

图5-1　羟烯腺嘌呤标样高效液相色谱图

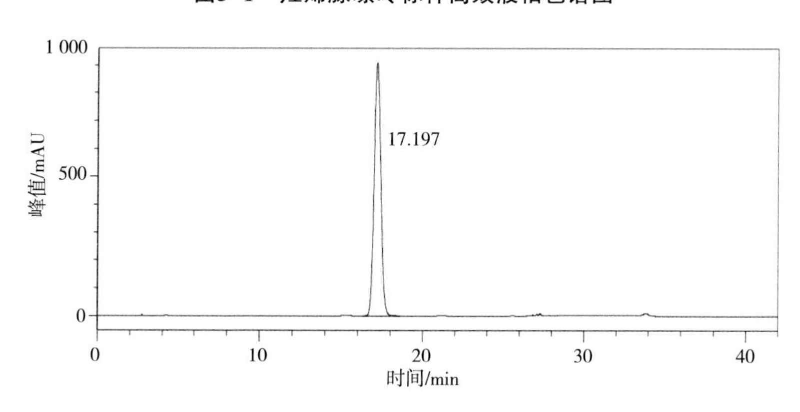

图5-2　羟烯腺嘌呤试样高效液相色谱图

二、水分的测定

按《农药水分测定方法》（GB/T 1600—2001）中的“卡尔·费休法”进行。

三、pH值的测定

按《农药pH值的测定方法》（GB/T 1601—1993）进行。

四、N，N-二甲基甲酰胺不溶物的测定

按《农药丙酮不溶物的测定方法》（GB/T 19138—2003）进行，将丙酮溶剂改为N，N-二甲基甲酰胺溶剂，采用200℃油浴加热至沸腾，烘干温度设定为110℃。

第三节　羟烯腺嘌呤的功能作用

一、作用机理

羟烯腺嘌呤是最早在植物体内发现的天然源细胞分裂素，属于植物内源激素之一，经与植物体内受体结合起到促进细胞分裂、刺激生长活跃部位生长发育的作用（图5-3）。

1.玉米素与细胞质受体具有高度亲和性及特异性，受体结合物可以促进RNA聚合酶活性，同时提高核糖体RNA和蛋白质编码基因的转录，还可以诱导硝酸还原酶的合成。

2.玉米素与质膜受体具有高度亲和性及特异性，受体结合物

可以激发一系列的信号传递系统诱导细胞代谢，产生生理反应。

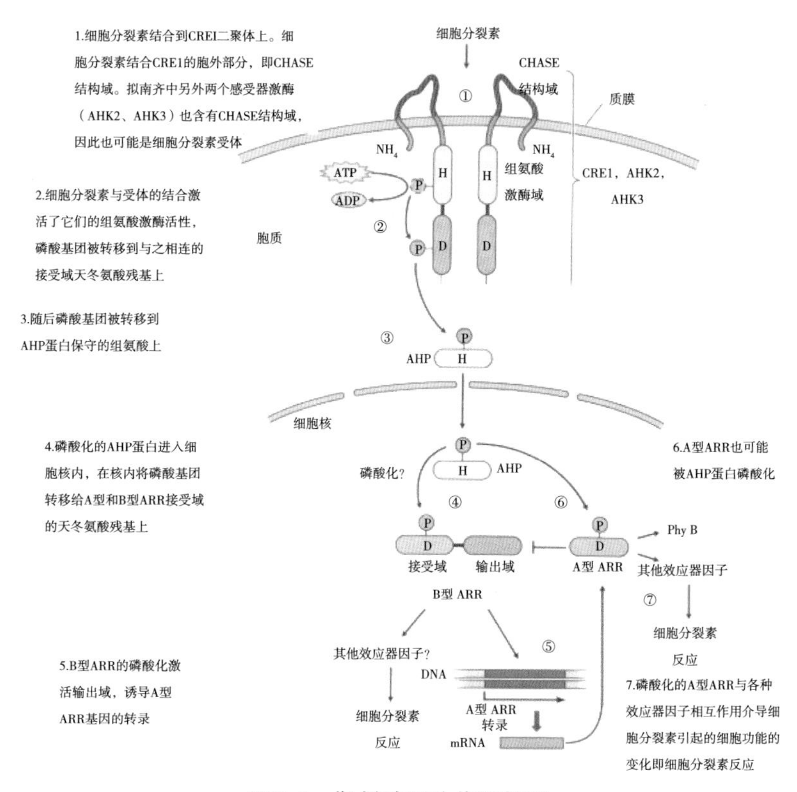

图5-3　羟烯腺嘌呤作用机理

二、功能特点

羟烯腺嘌呤是近年来新型产业化的细胞分裂素类物质，因最早是从未成熟的玉米籽粒中分离出的类似于激动素的细胞分裂促进物质，因此被命名为玉米素（ZT）。

1. 一种植物内源物质，活性强、传导性好

玉米素是一种植物体内自身代谢产生，通过与特定的蛋白质受体结合进而调节植物生长发育的微量生理活性物质。其主要在植物

根尖、茎端、发育中的果实和萌发的种子等组织合成，在极微量下就可影响组织的生长发育，具有生物活性强、传导性好的特点。

2. 反式玉米素活性优于顺式玉米素

玉米素存在顺反结构，天然玉米素都是反式的，活性优于顺式玉米素。但是顺式玉米素在生物测定中也表现出细胞分裂活性，这是因为植物体内存在一种玉米素异构酶，可以将顺式玉米素转化为反式玉米素。

3. 化学合成，结构明确，来源稳定

与常规的生物发酵不同，化学合成获得的玉米素原药结构明确、纯度高、质量稳定。并且具有合成原料易得、路线绿色环保、工业化生产稳定、安全可控等优点。

4. 不同时期使用，效应不同

玉米素是一种细胞分裂素，通过促进细胞质分裂从而使细胞体积扩大增粗。在作物不同的生育期使用，具有不同的生理效应。如在培养基中与生长素一起协同调节芽和根的分化，细胞分裂素比例高时，主要诱导芽的形成；在种子萌芽期使用，可以打破休眠状态，促进种子发芽；在生育期低浓度使用时，可以促进蒸腾和气孔开放、提高光合作用、调节营养吸收、促进花芽形成和开花、促进坐果和保花保果、促进籽粒发育及果实膨大，并能诱导块茎形成；在生育期高浓度使用时，可以消除顶端优势，加快侧芽分化输导组织的生长速度，促进侧芽生长；采收期使用能够延缓蛋白质和叶绿素的降解速度，抑制水解酶活性，具有抗早衰、保鲜作用。

三、应用方向

羟烯腺嘌呤作为第三代产业化的细胞分裂素，与6-BA、激

动素等第一代传统的细胞分裂素相比，具有生物活性高、传导性好的优势；与氯吡脲、噻苯隆等第二代高活性的细胞分裂素类物质相比，具有安全性好、使用便捷的优势。但不同类别的细胞分裂素在应用方向上无大的差异，均能够发挥出促进种子萌发、提高光合作用、调节花果发育、延缓衰老及保鲜、促进侧芽萌发、抗逆、抗病等综合应用方向的价值优势（表5-2）。

表5-2　玉米素与其他细胞分裂素的应用特性对比

对比项	6-BA、激动素	氯吡脲、噻苯隆	玉米素、烯腺嘌呤
来源差异	人工合成、稳定性好	人工合成、稳定性好	植物内源可发酵或合成
结构差异	嘌呤环	苯基脲	嘌呤环
生物活性	温和	高	更高
应用剂型	可溶液、可溶粉	可溶液、可湿性粉	可溶液、可溶粉、可湿粉
剂量差异	茎叶喷施 10 ~ 20 mg/L 花果处理 50 ~ 100 mg/L	茎叶喷施 1 ~ 4 mg/L 花果处理 5 ~ 10 mg/L	茎叶喷施 0.005 ~ 0.01 mg/L 花果处理 0.01 ~ 0.1 mg/L

第四节　羟烯腺嘌呤的应用技术

1. 番茄

开花前7 d、开花期及开花后7 d，以0.011 ~ 0.016 mg/L浓度的羟烯腺嘌呤药液喷施3次以上，间隔10 d，能有效加快番茄果实的膨大速度，提高番茄坐果率，增产率达6.59% ~ 18.75%，并能降低番茄中的可滴定酸含量，提高维生素C含量，提高作物品质。

2. 柑橘

0.003 3 ~ 0.005 mg/L喷雾，调节生长。在柑橘初花期、幼果期、果实膨大期分3次进行均匀茎叶喷雾处理，具有促进生长，提早成熟，保花保果，增加产量，改良品质等功效。

3. 茶叶

0.003 3 ~ 0.005 mg/L喷雾，调节生长。促进叶绿素形成，增强作物光合作用，增加新芽的数量。

4. 水稻

以0.006 7 ~ 0.01 mg/L浸种36 h处理，并于苗期、返青期、孕穗期、灌浆期以0.001 7 mg/L浓度的药液喷雾1次，能够增加水稻长势，促进结实，增加产量。

5. 大豆

以0.001 ~ 0.001 2 mg/L浓度的药液在生育期内进行3次喷雾处理，能促进叶绿素形成，增强作物光合作用，从而改善作物品质，提高蛋白质含量，并能提高植物抗病性。

6. 玉米

用0.006 7 ~ 0.01 mg/L浸种处理12 ~ 24 h，并于拔节期、喇叭口期各喷雾1次0.001 7 mg/L药液，能促进叶绿素形成，增强作物光合作用，从而改善作物品质，提高蛋白质含量，并能提高植物抗病性。

7. 小麦

0.006 mg/L玉米素三叶期叶面喷施，可用于深播小麦改善苗质、提升产量；返青拔节期、孕穗期各喷施1次0.004 5 ~ 0.012 mg/L烯腺嘌呤·羟烯腺嘌呤，可提高小麦生化功能的表达强度，增加产量，改善植物蛋白质、淀粉、可溶性糖等品质。

8. 烟草

苗期、团棵期各喷施1次0.004 5 ~ 0.012 mg/L烯腺嘌呤·羟

烯腺嘌呤，可提高烟草生化功能的表达强度，增加产量，改善烟草品质。

9. 棉花

于初花期以0.011 ~ 0.016 mg/L喷雾4次，间隔10 ~ 14 d，可促进增产。

10. 黄瓜

于苗期以0.02 ~ 0.025 mg/L喷雾2 ~ 3次，可促进植株健壮，叶色浓绿，提高抗病能力。

11. 甘蓝

于甘蓝莲座期喷施0.001 ~ 0.001 2 mg/L浓度的羟烯腺嘌呤3次，间隔7 ~ 10 d，可提高甘蓝单株鲜重，并加快甘蓝叶球的增长幅度，增产显著。

12. 葡萄

于葡萄花前5 d、花后3 d及花后10 d，以0.025 ~ 0.04 mg/L浓度的羟烯腺嘌呤均匀喷施葡萄果穗，可提高果实的含糖量，降低有机酸的含量，从而可以改善果实的品质。

13. 人参

以0.025 mg/L浓度的药液浸种48 h，可促进种子提前萌发。

14. 香菇

在茹蕾期喷施0.001 mg/L的羟烯腺嘌呤，能够提高香菇子实体的产量。

15. 蓝莓

在改良WPM培养基上，添加2.0 mg/L玉米素+0.1 mg/L NAA可成功诱导”粉红柠檬水”带腋芽的茎段出芽，将芽接种在添加0.3 ~ 1 mg/L玉米素的培养基上增殖良好。WPM+0.5 ~ 2 mg/L玉米素培养基，在增殖培养过程中，有利于“绿宝石”的增殖。

16. 雨生红球藻

0.05 mg/L玉米素处理可显著提高光胁迫下藻细胞密度、虾青素含量显著上升。

17.花叶玉簪

MS+3.0 mg/L6-苄氨基腺嘌呤+0.1 mg/L萘乙酸+0.4 mg/L玉米素培养基可诱导组培苗增殖加快。

18. 蓝雪花

WPM培养基+0.4 mg/L玉米素可诱导带腋芽茎段快速繁殖。

19. 青天葵

10 mg/L浸泡球茎30 min，可打破休眠、提早发芽。

20. 巨菌草

6 μmol/L玉米素喷施，可一定程度上缓解干旱胁迫对光合指标的影响。

21. 槟榔

0.003%玉米素+8%灵芝多糖+25%磷酸二氢钾的组合物水剂稀释800倍液，叶面喷施用药5次，可提高坐果率，对黄化病也有一定的防控效果。

22. 红豆草

MS+1 mg/L 6-苄氨基嘌呤+0.5 mg/L萘乙酸+0.2 mg/L玉米素诱导外植体产生愈伤组织的最佳培养基，MS+0.5 mg/L 6-苄氨基嘌呤+2.5 mg/L玉米素诱导愈伤组织分化不定芽的最佳培养基。

23. 杜鹃

用商品化的WPM基础培养基作诱导增殖培养基，用0.5 ~ 3 mg/L反式玉米素作诱导，可有效促进诱导率。

24. 香石竹

30 g/L蔗糖+250 mg/L柠檬酸+200 mg/L 8-羟基喹啉硫酸+5 mg/L玉米素瓶插液保鲜效果佳。

第五节　羟烯腺嘌呤的登记应用与专利

一、羟烯腺嘌呤的登记

羟烯腺嘌呤原药目前在国内仅有两家企业登记（表5-3）。其中，郑州郑氏化工产品有限公司获批的98%羟烯腺嘌呤原药是行业内仅有的高含量原药登记（图5-4）。

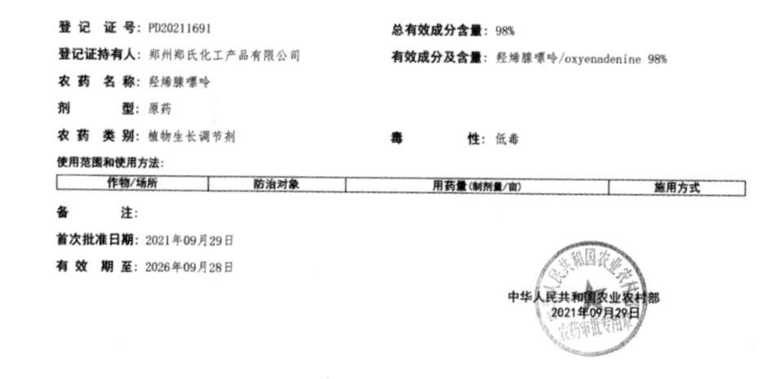

农 药 登 记 证

登 记 证 号：PD20211691　　总有效成分含量：98%

登记证持有人：郑州郑氏化工产品有限公司　　有效成分及含量：羟烯腺嘌呤/oxyenadenine 98%

农 药 名 称：羟烯腺嘌呤

剂　　型：原药

农 药 类 别：植物生长调节剂　　毒　　性：低毒

使用范围和使用方法：

作物/场所	防治对象	用药量(制剂量/亩)	施用方式

备　　注：

首次批准日期：2021年09月29日

有 效 期 至：2026年09月28日

中华人民共和国农业农村部
2021年09月29日

图5-4　郑氏化工98%羟烯腺嘌呤原药登记证

表5-3　羟烯腺嘌呤原药登记信息汇总

名称	剂型	登记证号	含量(%)	有效期至	登记证持有人
羟烯腺嘌呤	原药	PD20211691	98	2026-09-28	郑州郑氏化工产品有限公司
	母药	PD20081120	0.50	2023-08-19	浙江惠光生化有限公司

制剂方面，羟烯腺嘌呤多登记为复配制剂，有水剂、可溶粉剂、可湿性粉、颗粒剂等剂型。作物涉及小麦、水稻、玉米、番茄、甘蔗、柑橘、葡萄、烟草等多类别作物，作用范围主要为促长增产和抗逆抗病方向（表5-4）。

表5-4　羟烯腺嘌呤单剂及混剂登记情况汇总

登记名称	剂型	含量	登记作物	使用技术	产品效果
羟烯腺嘌呤	颗粒剂	0.000 1%	水稻	移栽返青期以1～3 kg/亩拌肥撒施1次	促进根系生长，提高产量及抗病性
	可湿性粉剂	0.000 1%	大豆	在生育期以588倍液进行3次喷雾处理	改善作物品质，提高植物抗病性
			水稻	秧苗期、返青期、孕穗期、灌浆期以588倍液各喷雾1次或浸种	
			玉米	拔节期、喇叭口期以588倍液各喷雾1次或100～150倍液浸种	
			甘蔗	苗期（三叶一心）至拔节期以200～250倍液各喷施1次，共喷施2～3次	
	可溶粉剂	烯腺嘌呤0.001 5% 羟烯腺嘌呤0.001%	番茄	始花期或幼果期用药，7 d施药1次，以600～800倍液连施3～4次	促进早熟丰产，提高抗逆性
		烯腺嘌呤0.000 5% 羟烯腺嘌呤0.003 5%	番茄	番茄苗床、番茄定植后以1 000～1 500倍液及时喷施1次，如结合花序开花时施药，连续施药4次效果更好	促进早熟丰产,保花保果
			番茄	在开花前、开花盛期和开花末期以1 600倍液各喷药1次	
		烯腺嘌呤0.000 05% 羟烯腺嘌呤0.000 35%	茶叶	茶叶萌发前、萌发始期、萌发后20 d以800～1 200倍液各喷药1次	增加产量,提高抗病性
			柑橘	柑橘初花期、谢花2/3左右、第1次生理落果前、后以1 200~3 000倍液各喷药1次	

（续表）

登记名称	剂型	含量	登记作物	使用技术	产品效果
羟烯腺嘌呤	可溶粉剂	烯腺嘌呤 0.000 125% 羟烯腺嘌呤 0.000 875%	柑橘	初花期、幼果期、果实膨大期以2 000 ~ 3 000倍液分3次进行均匀茎叶喷雾处理	促进早熟丰产
	可湿性粉剂	烯腺嘌呤 0.000 04% 羟烯腺嘌呤 0.000 06%	大豆	苗期、分枝期、花期分3次喷雾处理	促进生长及早熟，提高抗逆性
			玉米	播种前先浸种（早春48 h、夏季24 h），阴凉通风处晾干再播，在玉米拔节期和喇叭口前期喷雾2次	
			水稻	播种前先浸种（早春48 h、夏季24 h），阴凉通风处晾干再播，在插秧后3 d和水稻孕穗期均匀喷雾2次	
		烯腺嘌呤 0.000 06% 羟烯腺嘌呤 0.000 04%	番茄	喷雾3次	调节生长，增加产量
	水剂	烯腺嘌呤 0.000 1% 羟烯腺嘌呤 0.000 1%	甘蓝	定植缓苗后至结球前以800~1 000倍液均匀喷雾，整个生长期一般用药2 ~ 3次，每7~10 d施药1次	促进生长发育，提高产量
			大豆	大豆初花至结荚初期期间以800 ~ 1 000倍液均匀喷雾，生长期一般用药2 ~ 3次，每7 ~ 10 d施药1次	
		烯腺嘌呤 0.000 125% 羟烯腺嘌呤 0.000 875%	玉米	3 ~ 10叶期和大喇叭口期分别以30 ~ 40 mL/亩兑水各喷雾1次	促进早熟丰产，保花保果

（续表）

登记名称	剂型	含量	登记作物	使用技术	产品效果
羟烯腺嘌呤	水剂	烯腺嘌呤0.000 125% 羟烯腺嘌呤0.000 875%	葡萄	初花期、幼果期、果实膨大期以750~1 000倍液各喷雾1次	促进早熟丰产，保花保果
			水稻	返青期、分蘖期和灌浆期分别以40～50 mL/亩兑水各喷雾1次	
			番茄	移栽后，开花初期、坐果期、果实膨大期以3 000～4 000倍液各施药1次	
			小麦	返青期、拔节期和孕穗期分别以30~50 mL/亩各喷雾1次	
		烯腺嘌呤0.001% 羟烯腺嘌呤0.001%	葡萄	开花初期、坐果期、果实膨大期以600～800倍液各施药1次	促进生长发育及成熟，保花保果
羟烯·乙烯利	水剂	乙烯利40% 羟烯腺嘌呤0.3 mg/mL	玉米	雌穗的小花分化末期以20～30 mL/亩兑水均匀喷药	抗倒伏
羟烯·吗啉胍（杀）	水剂	盐酸吗啉胍10% 羟烯腺嘌呤0.000 1%	番茄	在作物发病初期施药，以250～375 mL/亩兑水均匀喷雾，一般整个生长期施用2~3次，间隔7～10 d施用1次	促进生长发育，防治病毒病
			烟草	在作物发病初期施药，以187～250 mL/亩兑水均匀喷雾，一般整个生长期施用2~3次，间隔7～11 d施用1次	
	可湿性粉剂	盐酸吗啉胍40% 羟烯腺嘌呤0.000 4%	番茄	发病前或发病初期以100～150 g/亩兑水施药，每次施药间隔期7～10 d，每季最多使用3次	促进早熟丰产，提高抗逆性，防治病毒
井冈·羟烯腺（杀）	可溶粉剂	井冈霉素16% 羟烯腺嘌呤0.000 4%	水稻	在水稻纹枯病发生前或发生初期以25～46.88 g/亩兑水均匀喷雾处理	防治水稻纹枯病

二、羟烯腺嘌呤（玉米素）相关应用专利（表5-5）

表5-5 羟烯腺嘌呤（玉米素）相关应用专利

公开(公告)号	标题	摘要	当前申请(专利权)人
CN108402107A	一种植物源生长调节剂	黄芪水提物、苦参水提物、洋葱馏分、浒苔多糖，芸苔素以及玉米素	海南大学
CN104886157B	一种嫁接处理剂及在茄科作物嫁接砧木上的应用	6-苄氨基嘌呤、玉米素、磷脂酰胆碱、碳酸氢钠	徐州千润高效农业发展有限公司
CN104663194A	黄连优质高产栽培方法	玉米素	利川市箭竹溪黄连专业合作社
CN103964955B	一种固体杀菌增产剂及其生产方法和应用	苦杏仁、玉米素等	邯郸市建华植物农药厂
CN103875532A	一种杰兔越橘组织培养的增殖培养基	改良WPM培养基+玉米素+蔗糖+琼脂	江苏农林职业技术学院
CN103785679A	一种提高铜污染土壤的植物修复效率的方法	玉米素	上田环境修复有限公司
CN103598093A	一种蓝莓胚状体的诱导方法	吲哚乙酸、吲哚丁酸、玉米素、蔗糖和琼脂	浙江蓝美技术股份有限公司
CN103109728B	一种长白松试管内快速育苗方法	基本培养基+吲哚丁酸、萘乙酸、玉米素、赤霉素	通化师范学院
CN103130569A	一种盐碱地区苗木移栽用含钙生长调节剂	萘乙酸、吲哚丁酸、$Ca(NO_3)_2$和玉米素	天津泰达绿化科技集团股份有限公司
CN103053423B	以花椰菜小孢子胚为外植体建立再生体系的方法	玉米素	浙江省农业科学院

（续表）

公开（公告）号	标题	摘要	当前申请（专利权）人
CN102701864B	一种促进坐果、膨果、增强作物抗逆性的叶面喷施用制剂	黄腐酸、DA-6、2,4-D的钠盐、α-萘乙酸钠、赤霉素、玉米素等	济南富天下种业有限公司
CN103444303A	一种提高草莓种籽发芽率的处理方法	玉米素、氟草酮、钼酸铵、硝酸钾、硼酸、多菌灵、柽柳根水提取物	成县兴丰农林科技有限责任公司
CN102187813B	蓝莓组织培养的方法及其专用培养基	玉米素、NAA、碳源和凝胶剂	中国农业大学
CN1276074C	用于产生植物细胞分裂素的地衣芽孢杆菌及植物生长调节剂	玉米素、异戊烯基腺嘌呤和玉米素核苷	神州汉邦（北京）生物技术有限公司

第六节　羟烯腺嘌呤剂型产品配方与工艺实例

一、0.1%羟烯腺嘌呤可溶液剂

1. 产品组成（表5-6）

表5-6　0.1%羟烯腺嘌呤可溶液剂产品组成

配方组成	各物料比例（%）	备注说明
羟烯腺嘌呤原药	0.1（折百）	有效成分

（续表）

配方组成	各物料比例（%）	备注说明
助溶剂	10～15	溶解原药
稳定剂	1～2	防止分解
润湿剂	2～4	润湿增效
防冻剂	4～6	防止低温析出
消泡剂	适量	控制泡沫量
去离子水	补足	载体/分散介质

2. 生产操作规程（图5-5）

（1）设备检查及领取原料　首先检查并确认所用的搅拌釜、贮存罐等设备相应阀门都处于关闭状态（确认生产线已清洁）。生产前将各原辅材料运至农药生产车间，进行生产备料。

（2）玉米素母液制备　将助溶剂抽入母液罐内，开启搅拌，然后投入玉米素原药，搅拌20～30 min至完全溶解后加入助剂，继续搅拌5～10 min。

（3）产品配制　将去离子水抽入反应釜内，开启搅拌，将加工好的玉米素母液抽入反应釜，加入防冻剂搅拌10～20 min，至完全混合均匀，溶液为无色透明均相液体，无明显不溶物。

（4）过滤　放料时，过500目滤网，过滤后转移至贮存罐妥善储存，取样检测。

（5）成品包装　按生产要求调整好包装机，将检验合格的母料用提升机送至包装平台，开始装袋或装瓶、封口，并放入包装箱，封箱，成品包装完成。

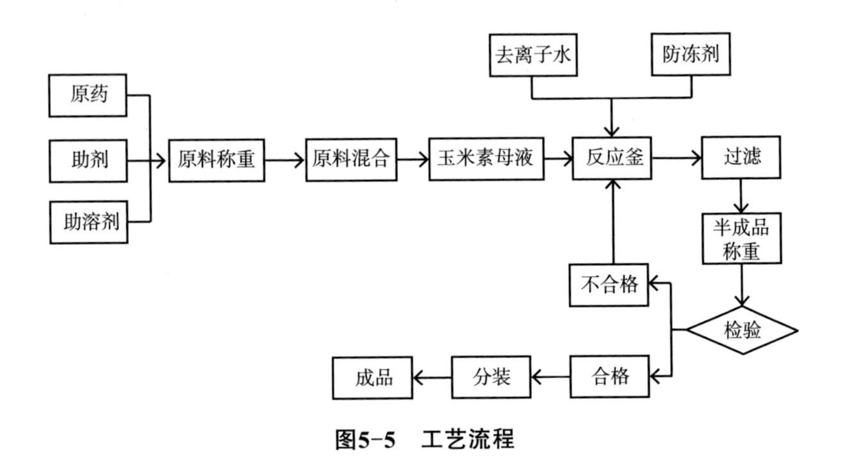

图5-5　工艺流程

二、0.000 1%羟烯腺嘌呤可湿性粉剂

1. 产品组成（表5-7）

表5-7　0.000 1%羟烯腺嘌呤可湿性粉剂产品组成

配方组成	各物料比例（%）	备注说明
羟烯腺嘌呤原药	0.000 1（折百）	有效成分
分散剂	2 ~ 8	稀释、分散；改善性状
润湿剂	1 ~ 3	润湿增效
消泡剂	适量	控制泡沫量
助悬剂	0.5 ~ 5	提高产品悬浮率
填料	补足	载体/填料

2. 生产操作规程（图5-6）

（1）设备检查及领取原料　首先检查并确认所用的混合机、贮存罐、造粒机等设备相应阀门都处于关闭状态（确认生产线已清洁）。生产前将各原辅材料运至农药生产车间，进行生产备料。

（2）产品配制　将原药、润湿剂、分散剂和填料等加入锥形混合机中混合40～60 min，之后物料通过气流粉碎机将物料气流粉碎至325目以上，粉碎后的物料在锥形混合机中再混合20～30 min；半成品称重，取样检测产品各项指标。

（3）成品包装　按生产要求调整好包装机，将检验合格的母料放入料车，将料车用提升机送至包装平台，开始装袋或装瓶、封口，并放入包装箱，封箱，成品包装完成（图5-6）。

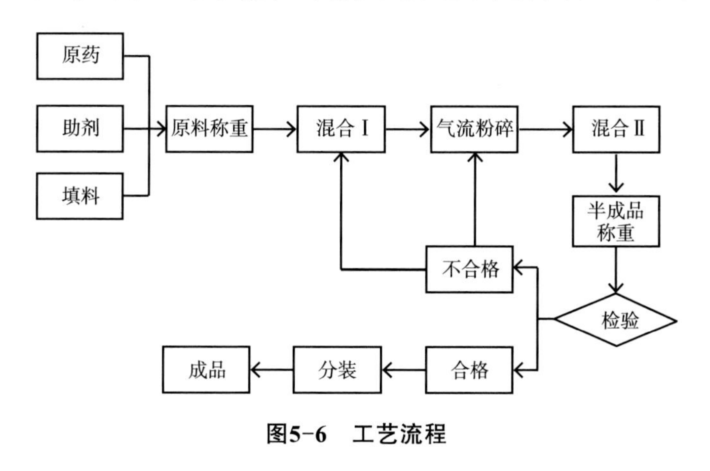

图5-6　工艺流程

第七节　羟烯腺嘌呤应用案例展示

一、番茄

试验药剂　处理A，3.6%苄氨·赤霉酸SL3 000倍液；处理B，3.6%苄氨·赤霉酸SL1 000倍液；处理C，0.01%烯腺嘌呤SL0.01 mg/L；处理D，0.01%玉米素SL0.01 mg/L；处理E，0.01%玉米素SL0.1 mg/L；CK，清水。

施药时期 定植期全株喷施1次。

调查方法 药后观察安全性，药后12 d测量纵径、横径、株高。

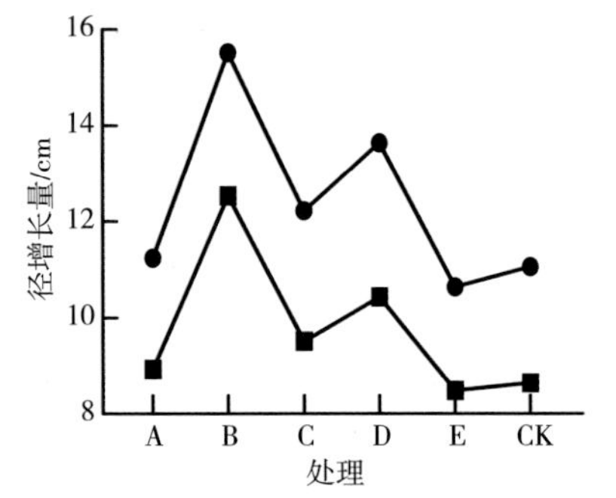

图5-7 药后12 d番茄纵横径增长量

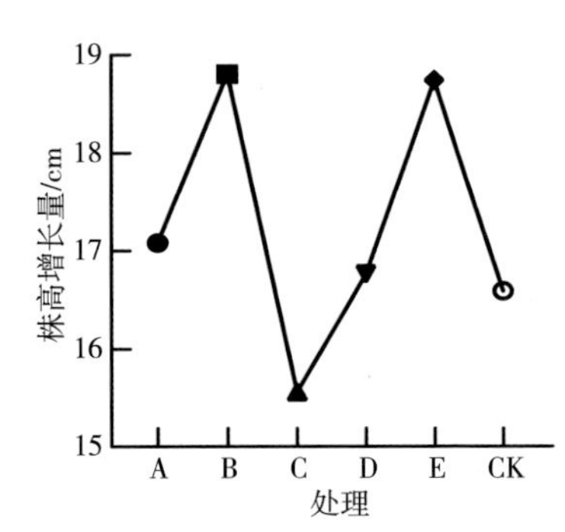

图5-8 药后12 d番茄株高增长量

结论 玉米素0.01 mg/L对纵横径增长效果整体表现较突出，优于低浓度苄胺·赤霉酸处理及烯腺嘌呤处理，但对株高无明显促进作用；玉米素0.1 mg/L可促进株高生长，但果实膨大效果与清水对照基本相当（图5-7至图5-9）。因此，番茄膨果建议使用0.01 mg/L玉米素。

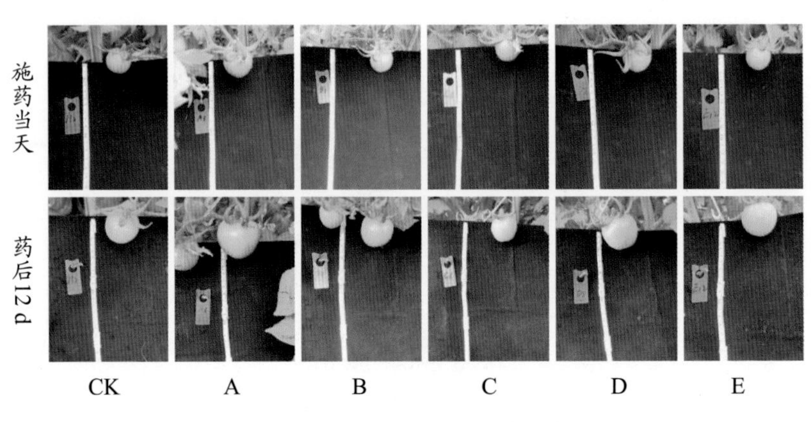

图5-9 不同处理对番茄的影响

二、茄子

试验药剂 处理A，3.6%苄氨·赤霉酸SL3 000倍液；处理B，3.6%苄氨·赤霉酸SL1 000倍液；处理C，0.01%烯腺嘌呤SL0.01 mg/L；处理D，农户自防；处理E，0.01%玉米素SL0.01 mg/L；处理F，0.01%玉米素SL0.1 mg/L；CK，清水。

施药时期 定植期全株喷施1次。

调查方法 药后观察安全性，药后7 d测量果长、株高。

结论 各处理药后7 d株高增量均高于对照，0.01 mg/L玉米素在增加果长和株高方面效果均较为突出，优于除苄胺·赤霉酸处理之外的其他药剂和对照。整个试验中各处理均未发现有针对叶、花和果等的药害（图5-10至图5-12）。

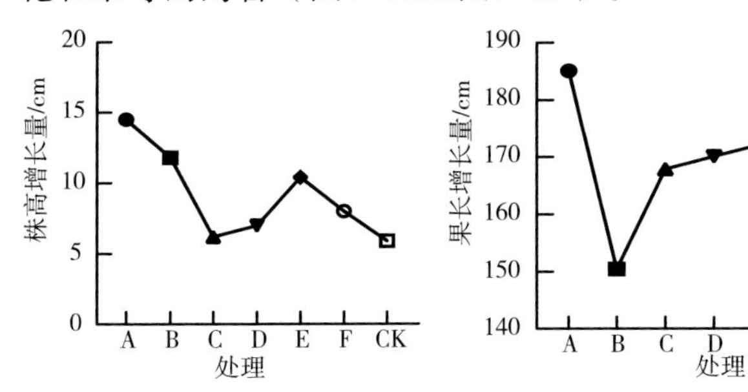

图5-10 药后7 d株高增长量 **图5-11 药后7 d果长增量**

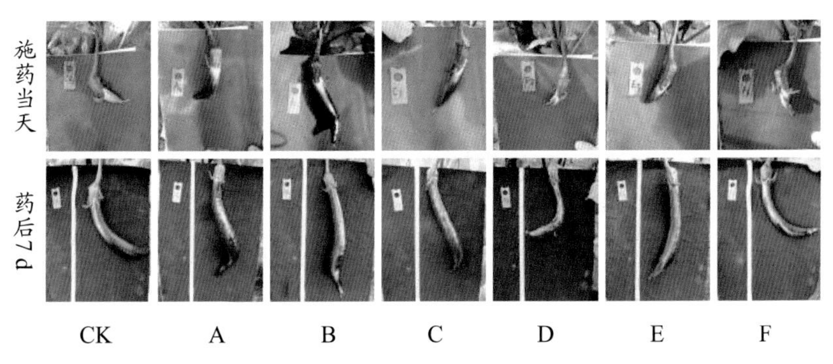

图5-12 不同处理对茄子的影响

三、辣椒

试验药剂 处理A，3.6%苄氨·赤霉酸SL3 000倍液；处理B，3.6%苄氨·赤霉酸SL1 000倍液；处理C，0.01%烯腺嘌呤SL0.01 mg/L；处理D，0.01%玉米素SL0.01 mg/L；处理E，0.01%玉米素SL0.1 mg/L；CK，清水。

施药时期 定植期全株喷施1次。

调查方法 药后观察安全性，药后11 d测量横径和纵径。

结论 烯腺嘌呤在促进果实纵向、横向膨大方面效果最佳；玉米素0.1 mg/L、3.6%苄氨·赤霉酸SL3 000倍液效果差异不明显；玉米素0.01 mg/L与清水对照差异不明显。玉米素0.1 mg/L高剂量膨大效果较低剂量0.01 mg/L突出，且纵径和横径增量差异显著。各处理对于辣椒各生理器官安全。因此在辣椒拉长膨大时可推荐使用0.1 mg/L玉米素（图5-13、图5-14）。

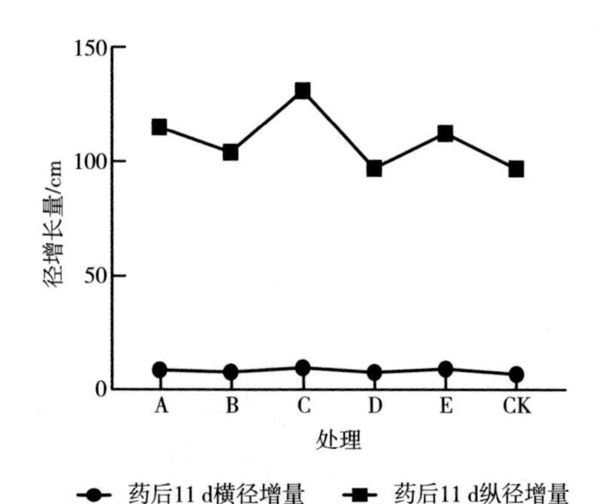

图5-13 药后11 d辣椒纵横径增长量对比

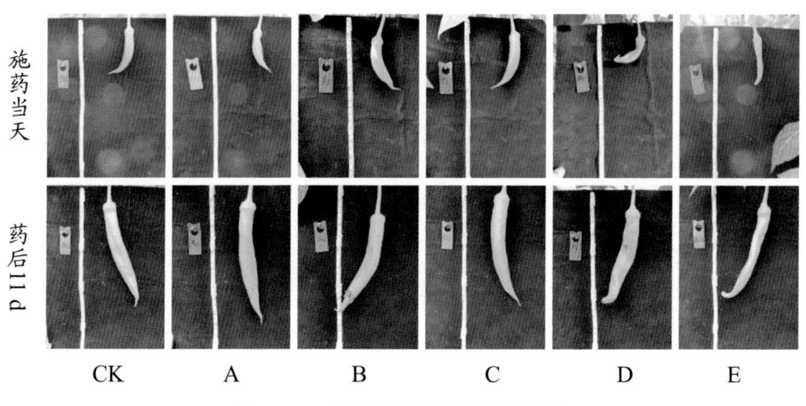

图5-14　不同处理对辣椒的影响

四、豆角

试验药剂　处理A，5%氨基·烯·羟烯腺嘌呤SL稀释3 000倍液；处理B，5%氨基·烯·羟烯腺嘌呤SL稀释1 500倍液；CK，清水。

施药时期　花果期叶面喷施1次。

调查方法　药后观察安全性，药后7 d测量梢长。

结论　5%氨基·烯·羟烯腺嘌呤SL在豆角花果期3 000倍液、1 500倍液喷施，均无药害和生长不良现象。可延缓衰老、延长采摘期，增产23%（图5-15、图5-16）。

图5-15　施药当天生长情况

图5-16　药后7 d各处理生长情况

五、黄瓜

试验药剂　处理A，5%氨基·烯·羟烯腺嘌呤SL稀释3 000倍液；处理B，5%氨基·烯·羟烯腺嘌呤SL稀释1 500倍液；CK，清水。

施药时期　花果期叶面喷施。

调查方法　药后观察安全性，药后7 d观察黄瓜长势，花、果、径尖的生长情况（图5-17）。

结论　5%氨基·烯·羟烯腺嘌呤SL在黄瓜花果期3 000倍液、1 500倍液喷施，均无药害和生长不良现象，可延缓衰老、延长采摘期，增产达16%（图5-18）。

图5-17　田间用药试验

施药当天各处理生长情况

药后7 d各处理生长情况

图5-18　不同处理对黄瓜的影响

第八节　羟烯腺嘌呤应用展望及注意事项

一、注意事项

1.天然玉米素都是反式的，但是顺式玉米素在生物测定中也表现出细胞分裂活性，这是因为植物体内存在一种玉米素异构酶，可以将顺式玉米素转化为反式玉米素。

2.反式玉米素属于高活性物质，严禁随意增加使用浓度或使用次数，避免高浓度出现抑制作用。

3.玉米素可单独使用，与芸苔素、赤霉酸或肥料混用效果更好。

二、具有应用潜力的羟烯腺嘌呤复配技术

玉米素作为植物内源型细胞分裂素，具有活性高、与受体亲和性好、速效性好等应用优势，但外源应用时有可能存在过量下转化为核苷类储存形式而不发挥效应的现象。因此，在实际农业应用时，常将其与其他药剂混配使用，以便增加其应用效果的稳定性。

1. 吲哚丁酸+羟烯腺嘌呤

吲哚丁酸的生理作用类似内源生长素，促进细胞核的分裂，而羟烯腺嘌呤则可以促进细胞质的分裂，两者复配才能促进细胞分裂的综合效应；同时，吲哚丁酸和羟烯腺嘌呤在吸引和调运营养方面具有协同增效作用，两者复配后具有促进细胞分裂、根数量和根长协调生长、果实横径和纵径协调生长等作用。

2. 氨基寡糖素+羟烯腺嘌呤

氨基寡糖素是以海洋生物壳聚糖为原料经多元化催化水解、合成而成，属植物诱导剂，在抵御病原菌侵蚀的过程中，能诱导激发植物产生一系列的防御反应，直接抑制病原物生长或释放一些寡聚糖素（具有活性的寡聚糖），在细胞表面参与对病原物的限制作用，施用后能提高作物自身的免疫力和防卫反应，活化细胞功能，对作物具有较好的促生长效果，促根壮苗，增强作物的抗逆性，促进植物生长发育，改善品质，提高产量。与羟烯腺嘌呤合理混配可起到协同增效作用，促进植株健康生长，提高作物抗病抗逆性能，在绿叶促长、增花增果、提高产量、增强品质方面，有更好的效果体现。

3. 芸苔素内酯+羟烯腺嘌呤

24-表芸苔素内酯可以强化生长素的效能，促进细胞核的分裂，而羟烯腺嘌呤则可以促进细胞质的分裂，两者复配才能促进细胞分裂的综合效应；另外，24-表芸苔素可以促进酶活性，促进光合作用和加速细胞分裂速率，在促进叶绿素合成和稳定、促进花果发育方面对羟烯腺嘌呤具有增效作用。两者复配后功能作用增强，在极低浓度下具有促进细胞分裂、提高花粉受孕性、促进坐果、膨大果实、提高作物抗逆性和增产提质等综合效应。

参考文献

阿力木江·克来木，赵强，娄善伟，等，2019. 调环酸钙对棉花农艺性状及产量形成的调控效应[J]. 中国农业科技导报，21（10）：39-46.

艾志强，李相全，高金辉，2019. 几种植物生长调节剂对黑果腺肋花楸扦插生根的影响[J]. 林业科技，44（6）：12-14.

白玉军，2018. 紫叶稠李全光喷雾嫩枝扦插繁殖技术[J]. 防护林科技（8）：31-32.

毕海林，木永青，杨正松，等，2021. 蓝莓“绿宝石”组织培养和快速繁殖技术研究[J]. 江西农业学报，33（9）：40-43，48.

曹允馨，于芳芳，白梅，等，2018. 污泥和吲哚丁酸对草地早熟禾的生长和耐旱性的影响研究[J]. 草业学报，27（5）：109-119.

常宁，侯艳霞，卢爱英，2022. 草莓脱毒苗继代和生根培养基优化[J]. 中国果菜，42（8）：73-76.

陈春利，顾德政，刘毓，等，2018. 山东银莲花组织培养植株再生体系的建立[J]. 江苏农业科学，46（24）：47-50.

陈加利，夏腾飞，孙秀秀，等，2021. 外源激素对海南特有植物文昌锥生根的影响[J]. 分子植物育种，19（23）：7 945-7 953.

陈加利，云勇，杨立荣，等，2018. 基于正交试验分析不同外源激素对油茶插穗生根的影响[J]. 分子植物育种，16（10）：3 430-3 440.

陈鸣丽，2018. 植物生长调节剂对大叶栀子水插生根的影响[J]. 现

代园艺（14）：14-15.
陈清海，2022. 彩叶树种黄金香柳扦插育苗初步研究[J]. 绿色科技，24（9）：116-118，122.
陈清远，2019. 三叶青不同方式繁殖栽培技术试验[J]. 绿色科技（17）：120-123.
陈艳梅，2021. 6%萘乙酸·吲哚丁酸水剂浸种对水稻产量及其构成要素的影响[J]. 现代农业科技（19）：20-21，24.
陈怡超，宋希强，赵莹，等，2018. 基质和激素对海南杜鹃扦插生根的影响[J]. 热带生物学报，9（3）：328-332.
陈宇杰，朱俊兆，杨思学，等，2019. 重瓣红玫瑰组织培养中培养基和培养条件的筛选[J]. 宁波大学学报（理工版），32（1）：1-5.
程雪梅，徐志宇，周朝阳，等，2019. 不同基质和植物生长调节剂对木通扦插生根的影响[J]. 现代园艺，42（17）：33-35.
池福铃，何毓光，李锋，等，2018. 不同浓度的NAA、IBA和GGR对金宝石扦插生根的影响[J]. 农业科技通讯（10）：163-164，246.
池立珍，王春玲，2019. 平欧大果榛子嫩枝扦插育苗试验[J]. 河北果树（1）：11，13.
崔丹丹，杨柳，孙雪，等，2018. 玉米素和水杨酸对雨生红球藻（*Haematococcus pluvialis*）生长及虾青素积累的影响[J]. 海洋与湖沼，49（3）：682-691.
范传会，陈学玲，梅新，等，2019. 6-苄氨基腺嘌呤处理改善采后青莲子冷藏贮藏品质[J]. 现代食品科技，35（6）：177-183，6.
房江育，马雪泷，胡长玉，等，2018. 曝气漂浮、生长素与修根对茶苗不定根的诱导[J]. 黄山学院学报，20（3）：52-55.
付锋，田年军，徐志刚，等，2018. 不同激素处理对茶藨子属植物嫩枝扦插作用研究[J]. 绿色科技（13）：11-12.
付学鹏，张欢，宫思宇，等，2019. 不同矿质营养缺乏及吲哚丁酸对分蘖洋葱根系生长的影响[J]. 北方园艺（18）：1-9.
付艳东，杜远鹏，马艳春，等，2013. 一种生长延缓剂对早熟巨峰生长的调控作用[J]. 中外葡萄与葡萄酒（2）：8-11.
高日，岳园园，徐亚男，等，2018. 黄檗试管苗水培瓶外生根的研究[J]. 延边大学农学学报，40（3）：57-61.
葛佩琳，汤崇军，叶忠铭，等，2019. 不同生根剂对假俭草茎段撒播生根效应的影响[J]. 水土保持通报，39（2）：138-140，148.
耿云芬，王四海，杨嫱，2022. 珍稀植物蒜头果扦插繁育技术研究[J]. 种子，41（5）：139-143.
龚月桦，张家豪，周万海，2020. 乙烯利和吲哚丁酸对扦插蓝莓组培苗不定根生长的影响[J]. 江苏农业科学，48（10）：157-161.
郭世保，徐雪松，王朝阳，等，2016. 调环酸钙对小麦群体性状和产量的调控作用[J]. 湖北农业科学，55（7）：1 706-1 709.
郭曦隆，刘立军，2021. 喷施生长调节物质对渍水苎麻生长及生理代谢的影响[J]. 中国麻业科学，43（5）：241-246，259.
郭兴强，于永静，吕润海，等，2009. 调环酸钙-青鲜素复配剂对甜高粱节间生长的调控效应[J]. 中国农业大学学报，14（5）：29-34.
何羽原，杨柳青，2018. 不同配方及不同浓度的生长激素对两种栀子扦插的生根影响[J]. 绿色科技（5）：67-69.
胡涛，曹钰，张鸽香，2019. 基质和植物生长调节剂对美国流苏硬枝扦插生根的影响[J]. 浙江农林大学学报，36（3）：622-628.

胡雪雁，朱碧华，陈燕，等，2018. 萘乙酸和吲哚丁酸对巴东胡颓子扦插生根的影响[J]. 科学技术与工程，18（3）：204-208.
胡耀芳，范希峰，滕珂，等，2018. 扦插部位、时间和IBA浓度对‘紫光’狼尾草（*Pennisetum alopecuroides*‘Ziguang’）茎秆扦插成活的影响[J]. 草地学报，26（4）：928-934.
黄东梅，许奕，潘琼玉，等，2018. 不同生根剂对3个南美引进黄果西番莲品种的扦插生根效果[J]. 贵州农业科学，46（5）：92-95.
黄涛，安衍茹，彭亮，等，2018. 外源激素处理对远志种子萌发及幼苗生长的影响[J]. 中国实验方剂学杂志，24（20）：50-55.
黄意成，毛明辉，郑海，2021. 金樱子扦插生根技术研究[J]. 海峡药学，33（12）：24-26.
姬晓晨，史昕冉，于海培，等，2021. 5%调环酸钙泡腾粒剂对秋季豇豆控旺效果及产量的影响[J]. 农业科技通讯（10）：160-161，274.
姜锐，彭艳菲，2021. 不同植物生长调节剂对迎春插条生根的影响[J]. 现代农业研究，27（12）：37-39.
姜照伟，李小萍，赵雅静，等，2011. 立丰灵对水稻抗倒性和产量性状的影响[J]. 福建农业学报，26（3）：355-359.
姜自红，2019. 安徽石蒜无性繁殖技术研究[J]. 安徽农学通报，25（20）：51-53.
姜宗庆，李成忠，余乐，等，2018. 外源IBA对薄壳山核桃嫩枝扦插及其生根过程中相关酶活性的调控效应[J]. 江苏农业科学，46（7）：152-154.
康红霞，朱永红，赵萌，等，2021. 红豆草组织培养及植株再生体系的优化[J]. 草地学报，29（6）：1 336-1 342.

李从瑞，袁茂琴，王莲辉，2019. 一种铁十字秋海棠快速扦插繁殖的技术方法[J]. 种子，38（2）：140-142.

李广维，张特，仲文帆，等，2020. 调环酸钙对棉花株型调控及产量品质的影响[J]. 华北农学报，35（S1）：195-201.

李鹏兵，文明，王乐，等，2019. 叶面喷施6-BA对棉花蕾铃形成及产量的影响[J]. 新疆农业科学，56（5）：864-872.

李瑞，蒋欣梅，刘汉兵，等，2020. 不同浓度调环酸钙对黄瓜幼苗徒长防控的影响[J]. 中国蔬菜（3）：33-37.

李苏涛，陈思齐，李妍，等，2021. 3种植物生长调节剂对不同干旱胁迫下巨菌草光合指标的影响[J]. 草业科学，38（12）：2 406-2 420.

李腾基，黄洁衔，付志惠，等，2021. 外源赤霉素和6-苄氨基嘌呤对墨兰成花的影响[J]. 北方园艺（21）：64-71.

李晓亮，张军云，张钟，等，2018. 盆栽菊花的茎尖组织培养快繁技术[J]. 江苏农业科学，46（24）：57-62.

李雪，王令军，韩杨，2018. IBA浓度对长白落叶松种子萌发的影响[J]. 林业勘查设计（2）：109-110.

李燕燕，段华超，李世民，等，2021. 3种外源植物激素对白枪杆幼苗生长特性的影响[J]. 贵州农业科学，49（4）：112-117.

李瑶，郑殿峰，冯乃杰，等，2021. 调环酸钙对盐胁迫下水稻幼苗生长及抗性生理的影响[J]. 植物生理学报，57（10）：1 897-1 906.

李艺皇，2019. 毛竹种子不同方式浸种技术试验[J]. 绿色科技（11）：108-110.

李镇刚，刘淑娟，杜伟，等，2018. 药桑用离体冬芽组织培养和用枝条扦插繁殖的试验[J]. 蚕业科学，44（3）：367-375.

梁秋玲，张能，郭振粤，等，2019. 珍珠番石榴简易设施扦插育苗技术[J]. 中国南方果树，48（3）：80-84.

梁文华，刘嘉翔，金梦然，等，2018. IBA对3种薰衣草扦插生根及生长的影响[J]. 林业与生态科学，33（3）：311-316.

林传宝，2019. 草珊瑚种子不同方式育苗技术试验[J]. 绿色科技（19）：206-207，210.

林华忠，2018. 几种外源激素对刺槐和红花槐种子萌发的影响[J]. 中国农学通报，34（15）：77-84.

林艳，郭伟珍，赵志新，2018. 4种生根促进剂对大叶女贞扦插生根的影响[J]. 天津农业科学，24（10）：78-81.

林志强，苏连庆，陈进明，等，2003. 水稻喷施立丰灵的抗倒增产效应[J]. 福建稻麦科技（2）：33-35.

刘笛，王悦，崔弘，等，2018. 吲哚丁酸对关苍术种子萌发及幼苗生长的影响[J]. 种子，37（7）：84-86.

刘付月清，张敏华，冼世庆，等，2018. 愈合液对金花茶嫁接影响的研究[J]. 山东林业科技，48（2）：66-68.

刘刚，楚玉南，2019. 金叶水蜡嫩枝扦插育苗技术[J]. 中国林副特产（2）：49-50.

刘国宇，刘立成，王庆，等，2018. 鸭嘴花扦插繁殖技术研究[J]. 湖北农业科学，57（13）：52-55.

刘丽，高登涛，魏志峰，等，2021. 调环酸钙对富士苹果生长及果实品质的影响[J]. 果树学报，38（7）：1 084-1 091.

刘柳姣，刘震，黄虹心，等，2018. 不同外源激素对墨兰开花结果的影响[J]. 农业研究与应用，31（5）：10-14.

刘昔，江帮富，杨俊，2019. 三种植物生长调节剂促进柑橘增产效果比较[J]. 四川农业科技（11）：28-30.

刘云芬，廖玲燕，殷菲胧，等，2021. 6-苄氨基嘌呤处理对鲜切荸荠褐变及活性氧代谢的影响[J]. 保鲜与加工，21（12）：16-24.
柳嘉程，刘永忠，凌永河，等，2022. 调环酸钙对赣南纽荷尔脐橙夏梢生长和果实品质的影响[J]. 中国南方果树，51（3）：12-15.
柳嘉程，张祖铭，娄伟，等，2022. 调环酸钙和缩节胺对赣南纽荷尔脐橙幼树晚秋梢生长的影响[J]. 中国果树（4）：48-52. DOI：10. 16626/j. cnki. issn1000-8047. 2022. 04. 009.
陆佳辉，王彩霞，饶帅琦，等，2018. 生长调节剂处理对绣球水培生根的影响[J]. 浙江林业科技，38（5）：77-80.
陆静，王润生，杨婷，2018. 不同留叶数量和不同浓度植物生长调节剂对月季单芽扦插成活率的影响[J]. 绿色科技（21）：99-100.
吕享，叶睿华，田海露，等，2018. 生长素介导细胞分裂素（玉米素）调控杜鹃兰侧芽萌发[J]. 农业生物技术学报，26（11）：1 872-1 879.
马军强，王海，2018. 2种植物生长调节剂对‘双红’葡萄扦插繁殖的影响[J]. 甘肃科技，34（20）：165-166，14.
马生军，丁万红，李淑珍，等，2018. 百合鳞片组织培养研究[J]. 生物技术通讯，29（6）：819-824.
马媛春，刘慧，薛晓辉，等，2018. 黄连木茎段组培快繁体系的建立[J]. 江苏农业科学，46（24）：67-70.
潘媛，何斌，2018. 吲哚丁酸对油茶短穗扦插的影响[J]. 中国热带农业（4）：59-61，51.
漆丽萍，李剑美，熊秋妮，2018. 吲哚丁酸处理对水培扶桑插条生根的影响[J]. 热带农业科学，38（11）：16-19，31.
邱国金，韩广发，孙其松，等，2019. 不同基质与生长素对紫

薇新品种仑山1号嫩枝扦插育苗的影响[J]. 贵州农业科学，47（9）：66-68.

邱家洪，陶慧慧，曾明，等，2022. 夏黑葡萄保花保果试验初报[J]. 江西科学，40（4）：674-676，723.

瞿辉，邵和平，叶晓青，等，2018. 不同生长素处理对2个微型月季品种扦插生根的影响[J]. 江苏农业科学，46（19）：159-162.

全珍妮，娄新茹，徐露，等，2021. 外源6-BA对盐胁迫下菘蓝种子萌发的影响[J]. 现代盐化工，48（2）：72-74.

阙名锦，2019. 吲哚丁酸处理三角梅嫩枝扦插试验初探[J]. 广西农学报，34（6）：19-22.

任飞，刘翠兰，王开芳，等，2020. 引种竹子竹鞭扦插繁育技术体系优化研究[J]. 山东林业科技，50（6）：28-32.

荣勇，2015. 水稻拔节前施用5%调环酸钙的抗倒增产试验[J]. 现代农业科技（13）：132-133.

盛玮，池文泽，刘巧玲，等，2018. 不同生长调节剂浓度和处理时间对水栒子嫩枝扦插生根的影响[J]. 天津农业科学，24（9）：5-7，21.

施浩威，尤润，马一丹，等，2018. 激素、扦插季节和木质化对红翅槭插条生根的影响[J]. 南昌工程学院学报，37（4）：27-30.

宋佳琦，王玉祥，张博，2019. 外源6-BA对紫花苜蓿盛花期叶片光合、生理特性及结荚率的影响[J]. 草业科学，36（3）：720-728.

孙红英，辛全伟，兰思仁，2019. 珍珠彩桂的快速繁殖技术[J]. 森林与环境学报，39（3）：287-291.

陶海平，曹莉，韩日畴，2020. 糖类和植物生长调节剂对冬虫夏草子实体人工培养的影响[J]. 环境昆虫学报，42（2）：274-281.

陶兴魁，刘志林，高贵珍，等，2019. 蓝莓试管苗组培生根技术研究[J]. 淮北师范大学学报（自然科学版），40（1）：68-72.
田威，芮凯，马瑞，等，2021. 不同植物免疫调节剂组合对槟榔生长及产量的影响[J]. 南方农业，15（22）：49-53.
田月娥，车志平，刘圣明，等，2018. 十种植物生长调节剂处理对苦瓜和葫芦种子萌发的影响[J]. 北方园艺（12）：1-6.
童辉，彭莹，殷武平，等，2021. 不同生长调节剂对花菜幼苗生长及产量的影响[J]. 长江蔬菜（12）：13-15.
万珠珠，谭秀梅，刘敏，等，2020. 细胞分裂素处理对香石竹切花保鲜效果的影响[J]. 北方园艺（21）：85-88.
汪洪洋，徐宗进，张立智，等，2010. 5%调环酸钙泡腾片在水稻生产上应用效果分析[J]. 中国农村小康科技（4）：20-21，69.
汪晓丽，严过房，罗伟聪，等，2018. 不同生长调节剂种类及浓度对结香扦插生根的影响[J]. 安徽农业科学，46（27）：100-102.
王斌，赵明，谢小兵，等，2022. 吲哚丁酸对忍冬扦插生根的影响[J]. 现代农业科技（3）：108-109.
王才斌，吴正锋，赵品绩，等，2008. 调环酸钙对花生某些生理特性和产量的影响[J]. 植物营养与肥料学报（6）：1 160-1 164.
王林林，2021. 调环酸钙对富士苹果枝条生长结果成花内源激素以及赤霉素相关基因表达的影响[D]. 杨凌：西北农林科技大学.
王美红，吴晓娜，孙喜营，等，2018. 不同生长调节剂对白花泡桐生理生化特性的影响[J]. 河南科学，36（5）：693-698.
王文玉，郑桂萍，万思宇，等，2019. 15%调环酸钙对水稻产量与品质的影响[J]. 大麦与谷类科学，36（3）：11-17.
王彦萍，刘王锁，2019. 不同生根剂对清水河枸杞硬枝扦插成活率及生长的影响[J]. 农技服务，36（8）：40-41.
王跃华，陈燕，刘曼，等，2018. 培育优质白及苗条件筛选研究

[J]. 江苏农业科学，46（20）：165-167.

韦巧云，韦冬萍，韦剑锋，2020. 不同生根剂组合对木奶果扦插生根的影响[J]. 种子，39（7）：160-161，166.

韦荣昌，韦莹，闫志刚，等，2019. 罗汉果组培苗扦插繁殖技术研究[J]. 中国南方果树，48（3）：76-79.

吴永清，黄嘉琦，胡秀，等，2018. 白花龙扦插繁殖研究[J]. 仲恺农业工程学院学报，31（4）：30-34.

夏丽娟，李靖，梁竟宇，等，2022. 烯腺嘌呤·羟烯腺嘌呤对3种作物生长和产量品质的调节效应[J]. 植物医学，1（1）：54-60.

夏丽娟，万莉，2022. 烯腺嘌呤·羟烯腺嘌呤对2种果树产量品质及生化指标调节效果的研究[J]. 农药科学与管理，43（6）：31-36.

徐东忆，李福建，董金鑫，等，2022. 生长调节物质对深播和渍水小麦幼苗生长和籽粒产量的影响[J/OL]. 麦类作物学报（10）：1 257-1 265.

徐明艳，聂艳丽，邓桂香，等，2022. 西南桦嫩枝在母树树龄、植物生长调节剂影响下的扦插生根效应[J]. 西南林业大学学报（自然科学版），42（3）：160-164.

许家春，2019. 不同植物生长调节剂对高山红景天种子萌发的影响[J]. 中国林副特产（4）：27-28.

杨大伟，史绍林，季晓慧，等，2018. 不同植物生长调节剂对5种彩叶树种嫩枝扦插的影响[J]. 防护林科技（9）：54-55，82.

杨代斌，袁会珠，覃兆海，等，2005. Trinexapac-ethyl、Prohexad ione-Ca在草坪化学控制中的应用研究[J]. 草地学报（4）：304-307.

杨奕涵，肖玉娥，蔡壮夫，等，2022. 不同生长调节剂对油菜农艺性状和产量的影响[J]. 现代农业科技（11）：96-98，102.
杨喆，唐才宝，钱婧雅，等，2021. 外源6-BA和BR对干旱胁迫下水稻分蘖期光合色素含量及抗氧化系统的影响[J]. 分子植物育种，19（8）：2 733-2 739.
于晓跃，路斌，史宝胜，2019. 外源生长物质对紫叶李扦插生根的影响[J]. 林业与生态科学，34（3）：314-320.
余明龙，靳丹，刘美玲，等，2021. 调环酸钙对盐碱胁迫下不同耐盐性大豆品种根系生长及生理特性的影响[J]. 核农学报，35（9）：2 154-2 164.
鱼欢，殷诚美，秦晓威，等，2019. 吲哚丁酸对斑兰叶根系生长的影响[J]. 中国热带农业（1）：50-53.
岳彦桥，2019. 大果沙棘扦插及压条分株繁苗技术[J]. 中国林副特产（2）：47-48.
翟勇进，白隆华，黄浩，等，2018. 外源激素及浸泡条件对青天葵球茎休眠破除率的影响[J]. 西南农业学报，31（9）：1 817-1 820.
张春梅，2019. 不同激素、基质配方对“花叶”玉簪组培苗快繁的影响[J]. 北京联合大学学报，33（3）：67-72.
张桂莲，周煌，张嘉伟，等，2020. 减轻水稻高温热害的调控剂筛选及应用效果初探[J]. 杂交水稻，35（5）：82-87.
张家君，吕蒙蒙，武忆寒，等，2019. 剪根和植物生长调节剂对杉木幼苗生长的影响[J]. 亚热带农业研究，15（3）：157-162.
张杰，李健康，段安安，等，2019. 不同质量浓度NAA、IBA对栓皮栎、蒙古栎黄化嫩枝扦插生根的影响[J]. 北京林业大学学报，41（7）：128-138.
张锦伟，杜晓颖，王飞飞，等，2021. 30%苄氨基嘌呤悬浮剂对芹菜生长和品质的影响[J]. 现代农药，20（2）：46-48，61.